高光谱影像同质区分析及稀疏性解混

孔祥兵　著

黄河水利出版社
·郑州·

内 容 提 要

本书在总结高光谱影像混合像元分解研究成果的基础上，通过影像同质区分析，形成了一种新的高光谱影像混合像元分解技术框架，给出了影像同质区分析的数学模型和图论基础上的连通分析实现技术，提出了一种结合影像同质区空间信息和光谱信息的影像端元光谱提取路线；在此基础上，引入非负矩阵分解理论，提出新的命题、构建新的约束项、实现目标函数迭代收敛性数学证明，为高光谱影像非监督解混提供了一种新的思路。研究成果在高光谱影像分割、分类和定量分析等方面具有广阔的应用前景。

本书可供从事高光谱遥感影像处理、分析和应用等研究领域的科技工作者阅读，也可作为有关大专院校师生的参考书。

图书在版编目(CIP)数据

高光谱影像同质区分析及稀疏性解混/孔祥兵著.—郑州：黄河水利出版社，2018.12
ISBN 978-7-5509-2225-9

Ⅰ.①高…　Ⅱ.①孔…　Ⅲ.①光谱分辨率-光学遥感-遥感图象-研究　Ⅳ.①TP751

中国版本图书馆 CIP 数据核字(2018)第 292000 号

出 版 社：黄河水利出版社　网址：www.yrcp.com
地址：河南省郑州市顺河路黄委会综合楼 14 层　邮政编码：450003
发行单位：黄河水利出版社
发行部电话：0371-66026940、66020550、66028024、66022620(传真)
E-mail：hhslcbs@126.com
承印单位：河南瑞之光印刷股份有限公司
开本：787 mm×1 092 mm　1/16
印张：10
字数：174 千字　印数：1—1 000
版次：2018 年 12 月第 1 版　印次：2018 年 12 月第 1 次印刷

定价：39.00 元

前　言

高光谱影像通常具有几百个波段，含有丰富的光谱、空间和辐射信息。然而，由于地物分布的复杂性和传感器空间分辨率的有限性，混合像元普遍存在于高光谱影像中，是高光谱影像定量分析和应用的最大障碍。因此，如何有效地解译混合像元，从亚像元级别上获取地物信息，是高光谱影像解译和应用的关键问题之一。

将混合像元分解为所含有的地物光谱（端元光谱）和相应地物的存在比例（端元丰度）的过程称为高光谱影像混合像元分解。近10多年来，针对高光谱影像混合像元分解问题，相关研究学者已经进行了大量的科学研究，提出了一些非常有价值的方法和技术方案。可分为两大类型，即分布分解和同步分解。分布分解多是指传统的混合像元分解类型，先通过影像光谱特征空间分析，获取影像端元光谱，然后基于端元光谱和选取的光谱混合模型进行端元丰度反演。同步分解是近些年来新兴的一种研究思路，是指直接基于高光谱影像，利用盲信号分离技术分解为端元光谱和端元丰度。然而，所见的混合像元分解方法多是将高光谱影像视为离散而无任何关系的一个个高维像元光谱集，即只利用了影像的光谱信息，忽略了像元间的空间相关性。

因此，混合像元分解问题应该结合影像空间信息进行研究，在分解过程中充分挖掘并利用局部影像空间信息和邻域像元光谱信息的特性，并在此基础上提出了基于影像同质区分析的高光谱影像混合像元分解技术框架。

本书共分为7章。第1章介绍了高光谱混合像元分解的关键问题和研究进展。第2章重点提出了高光谱影像混合像元分解研究中需要注意的几个问题，并给出了同质区分析基础上稀疏分解思路。第3章和第4章系统性给出了高光谱影像同质区分析方法，其中第3章研究了光谱信息特征的刻画方式和数学意义，提出了一种融合光谱辐射信息、光谱曲线形状信息和光谱数据信息含量的新型光谱相似性测度，使得在混合像元分解过程中的各个阶段能有效地分析光谱之间的相似性；第4章进一步给出了影像同质区分析的数学方法和实现技术路线，即将影像分为影像同质区和影像过渡区。并在影像同质区的基础上，提出了结合影像空间和光谱信息的高光谱影像端元光谱自动提取设想并进行了实验。第5章在影像同质区分析基础上，通过分析影像空间和光谱特征，提出了影像端元丰度稀疏性和端元丰度平滑性两个命题，并进行了讨论；提出了一种含有端元丰度平滑性约束的非负矩阵分解方法，给出了目标函数和相关迭代规则，并证明了其数学收敛性。第6章探讨了在已知影像端元光谱情况下的像元端元丰度反演问题，提出了一种在影像同质区基础上的像元最优端元子集获取思路，给出了一种顾及邻域信息的端元丰度反演技术框架，实验表明，该方法提高了影像端元丰度反演的精度。

本书各章节撰写分工如下：第1章、第2章和第3章由孔祥兵和王志雄撰写，第4章由孔祥兵、王志慧和王逸男撰写，第5章由孔祥兵、郭凯和王玲玲撰写，第6章和第7章由孔祥兵、焦鹏和王志雄撰写。全书由孔祥兵统稿。

本书得到了国家自然科学基金委员会、武汉大学和黄河水利科学研究院等单位的大力支持，在此深表感谢！

感谢恩师舒宁教授长期以来对该课题的悉心指导！

鉴于高光谱遥感影像混合像元分解的复杂性，仍有许多的工作有待深化，加之作者的知识和能力有限，书中难免有不妥之处，敬请读者批评指正。

作　者

2018年8月

目 录

第 1 章　概　述

1.1　研究背景和意义

高光谱遥感影像是用成像光谱仪对同一地区进行光谱成像而获取的一幅具有几百个精细、连续波段的影像立方体，相对于多光谱遥感影像，其含有的丰富光谱信息使得更为细致精确的地表覆盖物质成分分析和状态监测成为可能；然而，影像中广泛分布的混合像元一直是阻碍其走向定量分析和应用的瓶颈问题。高光谱影像混合像元分解是进行高光谱亚像元分析、目标检测和分类的基础步骤，是高光谱基础理论研究、定量应用中的热点和难点之一。

由于空间分辨率的有限性和地物分布的复杂性，高光谱影像像元一般对应不同的地物覆盖类型，影像像元光谱是各种对应物质光谱的权重组合，这就是混合像元问题的来源；而求得相应的物质光谱（端元）和物质所占比例（丰度）的过程，即高光谱影像混合像元分解，也称高光谱解混。传统的高光谱影像混合像元分解方法一般分为两个步骤，即首先进行端元光谱库的组建，然后根据选定的光谱混合模型进行丰度反演。由此可见，端元光谱库的组建弥足关键。

端元光谱库的组建方法分为两种，即基于标准地物光谱库通过与影像进行光谱匹配而进行地物光谱选择的方法，以及直接基于影像纯净像元提取进行端元光谱库组建的方法。前者因光谱采集环境、时间、地点等难以与影像匹配，且一个完备通用的地物光谱库组建工程浩大，因而在影像混合像元分解中并不常用，或作为辅助光谱库进行使用；相反，后者则没有相关不足。本书将深入研究基于影像的端元提取方法。

近 10 多年以来，基于影像端元自动提取方法一直是相关学者的研究重点，且已提出一些相对有效的方法。主要理论思想是把影像像元的光谱特征空间分布视为一个高维单形体，而较为纯净的像元则分布于单形体顶点位置，通过凸面几何学分析、寻找位于单形体顶点的像元光谱即可获取端元光谱。然而该类型方法，一方面是其所提取端元光谱易受噪声影响，且不能解决光谱变异等问题；另一方面是端元提取过程中单纯利用了像元的光谱信息，忽略了影像中丰富的空间信息。因此,在端元提取中深入挖掘并利用影像空间信息将是十分有意义的。

然而,通过凸面几何学分析获取端元光谱方法的有效性,是以影像中每种地物类型纯净像元的存在性为假设条件的。近年来,盲信号分离技术的提出和发展,为高光谱混合像元分解提供了新的研究思路和强有力的技术支撑。与传统的高光谱混合像元分解方法不同,这种新型的高光谱混合像元分解方法不需要先验的端元光谱信息,不以影像中每种地物类型纯净像元存在作为假设,直接从影像像元光谱出发,根据混合模型和约束性条件求解出混合像元的端元和丰度,这个过程也称为高光谱影像非监督解混。

基于盲信号分离技术的高光谱混合像元分解方法虽然克服了传统高光谱解混方法的一些缺点,但也有不足之处。主要有两点:一是函数分析方面,非负矩阵分解中的目标函数对单个分解因子是凸性的,但对两个因子来说将是非凸性的,即其分解结果不确定;二是分解结果的可解释性方面,非负矩阵分解的结果能满足非负约束,但这对于高光谱影像混合像元分解问题只是必要条件。总而言之,如何结合高光谱影像混合像元分解问题的背景物理意义构建约束条件,以压缩非负矩阵分解结果空间,使得分解结果满足端元和丰度的相关约束要求,是基于非负矩阵分解的高光谱影像混合像元分解方法的关键。本书引入非负矩阵分解并将深入研究基于高光谱影像空间和光谱特征的约束性条件构建方法和在其基础上的非监督解混方法。

分析总结可见,如何在高光谱影像混合像元分解中的端元提取、非监督解混约束条件构建等各阶段充分挖掘并利用影像的空间信息将是研究难点和热点所在。基于此,本书提出了基于同质区分析的高光谱影像混合像元分解技术框架,下面将从该技术框架的理论背景、具体技术层次进行简要介绍。

本书认为,高光谱影像是人们认识事物的感官有效延伸,是认识论中逻辑思维和形象思维的统一,包含丰富的光谱、空间和辐射等多层次信息。在高光谱影像解译包括混合像元分解中应理解并把握如下三点:①事物之间联系的普遍性,影像局部空间区域的像元在端元及对应丰度上应有一定的相似性,且影像空间距离越近,相似性越大;②整体的统一性和个体的特殊性,整幅影像的端元光谱库将包含每个局部区域、每个像元对应的端元,但具体到每个像元、每块区域含有的端元信息与整幅影像又应是不等同的;③事物具有多面性,应综合多个角度信息进行事物分析,对于高光谱影像混合像元分解,既要基于其光谱特征进行,也要深挖其含有的丰富空间信息。具体包括以下几个技术层次:

第一，光谱特征选择。研究各种光谱特征的刻画方式和作用，以更为有效的光谱特征选择和组合方式在混合像元分解各个阶段进行光谱相似性分析。

第二，同质区分析。通过分析像元与其影像空间邻域像元的光谱相似性，获取具有空间和光谱特性的影像同质区，为下一步进行混合像元分解做好准备。

第三，端元提取。通过影像同质区分析降低端元光谱提取复杂度，结合影像同质区的空间和光谱信息更新并优化备选端元光谱。

第四，非监督混合像元分解。分析影像邻域像元间的光谱特性，基于影像同质区的空间和光谱信息特性构建新型的约束性条件。

第五，丰度反演。基于影像同质区获取像元最优端元子集，并基于相邻同质区内的端元信息进行影像过渡区混合像元分解。

基于同质区分析的高光谱混合像元分解方法，以影像同质区为基础进行混合像元分解，把每块同质区视为影像中的特殊区域，每块同质区具有独特的端元信息；同质区的空间和光谱特性将用于构造约束性条件对同质区内每个像元进行光谱解混，各端元对应的丰度在此同质区内的空间分布具有空间连续性；过渡区的端元信息包含于相邻的同质区内，并将基于相邻同质区的端元信息进行混合像元分解。基于同质区分析的高光谱混合像元分解方法，以同质区为基本分析对象构架在单个像元和整幅影像中间将更符合地物分布的现实情况，混合像元分解的结果也将更容易被认知分析。这是高光谱影像混合像元分解理论和方法的一种创新。

随着国际高光谱遥感技术的发展和中国载有高光谱传感器的卫星与飞船的发射，深入研究基于同质区分析的混合像元分解中的关键问题，对我国高光谱遥感影像进一步走向定量的资源普查、环境与灾害高效监测和深空探测具有十分重要的现实意义。

1.2 国内外研究和应用现状

由于空间分辨率的有限性和地物分布的复杂性，混合像元普遍存在于高光谱影像中，制约了高光谱影像进一步定量化应用和分析（Landgrebe, 2005; Richards, 2005），在此背景下高光谱影像混合像元分解问题一直是高光谱遥感研究方向的热点和难点之一。下面就高光谱混合像元分解的国内外研究现状和发展趋势进行总结和分析。

当高光谱遥感影像像元对应两种或两种以上地物时，这个像元就称为混合像元(mixed pixel)(童庆禧, 2006)。把高光谱影像中的混合像元分解为端元光谱和对应丰度过程,就称为高光谱混合像元分解(Landgrebe,2002; Keshava, 2002)。在像元光谱混合模型方面,根据物质的混合情况和物理分布空间尺度大小,可分为线性光谱混合模型和非线性光谱混合模型(Liangrocapart, 1998; 吕长春, 2003)。线性光谱模型假设物质成分在空间布局上是离散片方式混合,忽略在不同类型物质之间的多重散射量;相反,当考虑入射光子与多于一种以上物质发生作用时,则认为这种混合是非线性光谱混合(Singer, 1981; Smith, 1985),如盐和胡椒粉的混合情况(薛彬, 2004)。结合本书主要研究内容,下面将详细介绍线性光谱解混方面的研究现状和趋势。

1.2.1 端元提取

目前,有很多研究基于线性混合模型进行,并提出了一些重要的高光谱混合像元分解方法,其中有效的端元光谱提取是关键的(ZHANG, 2009; 李二森, 2011)。在线性混合模型中,一幅高光谱影像可视为分布在以端元光谱为顶点构成的单形体内部和表面的点集,因而端元光谱可通过凸面几何学分析而获得。从是否结合影像空间信息进行分析来看,相关方法可分为仅基于影像光谱信息的端元提取方法和结合影像空间信息的端元提取方法。

1.2.1.1 仅基于影像光谱信息的端元提取方法

Boardman 创造性地提出了利用凸面几何学分析的方法提取影像端元的雏形,并与 Kruse、Green 一起发展了利用纯净像元指数(pure pixel index, PPI)提取端元的算法(Boardman, 1995),然而这种方法复杂度高且易受噪声影响,因此一般需要影像降噪和波段降维等预处理。Theiler 等对这种方法做了进一步分析,指出如何高效地在几十甚至几百的维数中选取测试向量也是一个值得探讨的问题(Theiler, 2000)。利用高光谱数据在特征空间中的凸面单形体的特殊结构,Winter 进一步提出了 N-FINDR 算法(Winter, 1999),对数据进行降维处理后,通过寻找具有最大体积的单形体自动获取影像中的所有端元;然而,该算法的计算性能的好坏很大程度上和最初选择的像元光谱有关。迭代误差分析(iterative error analysis, IEA)是一种不需要对原始数据进行降维或去冗余处理而直接基于影像数据进行端元提取的算法(Neville, 1999),算法中需要多次利用约束线性解混,要求得到的端元使得线性解混后误差最小。该方法的缺点是越先选出的光谱端元可靠性越差,而像元一经选作光谱端元便无法更新,端元之间的相互依赖性关系无法得到最大满足。Harsanyi 等(1993; 1994)提出了一种正交子空间投影(OSP)的端元提取方法,并在实验中获得了较好的结果(Chang, 2005);最近,Rezaei 等(2012)将 OSP 与遗传算法(genetic algorithm)结合,得到了更好的结果。2005 年,Nascimento 等提出了一种相对前面方法而言时间复杂度低很多的算法(Nascimento, 2005),即顶点成分分析法(vertex component analysis, VCA),是在先验知识很少的情况下,仅仅使用观测到的混合像元的数据来提取端元,应用了两点事实:端元一定是单形体的端点,且单形体仿射变化之后仍然是单形体;Lopez 等(2012)基于 VCA 方法提出了一种更为高效的端元提取方法,即通过正交投影方式获取端元光谱索引,以整数运算代替浮点数运算,在保证端元光谱准确性的前提下,进一步降低了计算复杂度。文献(Craig, 1994; Li, 2008; Chan, 2009; Hendrix, 2012)中,还针对影像中纯净像元可能不存在的情况进行了分析,通过凸面几何体最大体积分析或最小体积分析获得端元光谱。

国内在基于凸面几何学分析进行端元提取研究方面也有新的进展。耿修瑞等近些年对端元提取方法进行了持续而深入的研究,2005 年根据高光谱图像在波段空间中呈现凸面单体这一几何特性,进行端元投影向量生成算法研究(耿修瑞, 2005);2006 年给出了一种基于高维单形体体积的高光谱影像端元自动提取快速算法(耿修瑞, 2006), 2010 年提出了一种通过扩展的叉积概念求取端元光谱的方法(耿修瑞, 2010)。面对 N-FINDR 计算效率问题,罗文斐等(2008)提出了一种基于零空间最大距离的端元提取改进方法,并结合零空间光谱投影进一步改进(罗文斐, 2010);王立国等(2010)在线性最小二乘支持向量机的基础上对 N-FINDR 进行优化,使得计算复杂度大大降低。与以上求取单形体最大体积思路不同,褚海峰等(2007) 通过选择最佳凸锥角点的方法进行端元光谱提取;朱述龙等(2010)以凸面单体边界为搜索空间进行端元光谱快速提取;普晗晔等(2012) 基于 Cayley-Menger 行列式寻找包含高光谱数据集的最小体积的单形体,而提取端元光谱。通过迭代分析获取端元光谱方面,也有几种方法见诸文献,薛绮等(2005)提出了一种基于 RMS(root mean square)误差分析的自动端元提取算法;吴波等(2008)在总体最小二乘(total least squares,TLS)模型理论基础上进行端元光谱自动迭代提取;李姗姗(2009)等提出了一种基于线性混合模型下迭代分析的端元提取方法。另外,陈伟等(2008)基于正交子空间投影(OSP)的原理提出一种自动提取端元的方法;张兵等(2011) 通过改进的粒子群优化算法(discrete particle swarm optimization,D-PSO)进行端元提取,实验表明该方法具有较好的适应性。

然而,以上端元提取方法只是单纯利用了影像的光谱信息,忽略了像元间的空间相关性,即只是将高光谱影像视为离散而无任何关系的一个个高维像元光谱集进行分析。

1.2.1.2 结合影像空间信息的端元提取方法

高光谱遥感影像不仅含有丰富的光谱信息，还含有与地物覆盖类型相对应的空间信息，如何在端元提取过程中综合利用影像的空间信息已经成为一个重要的研究方向。近些年，已经有相关学者在这个方面做了一些有益的探索和研究。

Plaza 等提出了一种利用扩展至高维的数学形态学方法（AMEE）（Plaza, 2002），并以像元为中心设置从小到大的窗口，反复通过腐蚀和膨胀等操作来寻找该像元邻域中最纯净的像元以到达端元提取目的，然而该方法时间复杂度太高，且每块区域只能提出一种端元（Plaza, 2009）。另一种比较典型的结合空间信息进行端元提取的方法为 SSEE（Rogge, 2007），该方法通过对影像设置同等大小的窗口，然后以窗口为单位通过 SVD 特征矢量投影、统计处于各个投影矢量两端的像元光谱作为候选端元光谱，而后以相同大小的窗口作为空间限制进行候选端元更新和优化，最终获得整幅影像的端元光谱，但该方法的有效性仍然易受噪声影响。Plaza 研究团队还提出了一些基于影像光谱特征进行端元提取的预处理方法（Plaza, 2004; Zortea, 2008; Zortea, 2009; Martin, 2011），即首先寻找并分析影像的子区域斑块光谱相似性状况，并对所有像元进行权重编码，基于权重编码进行像元光谱特征值优化，然后用优化后的影像像元光谱进行纯净像元寻找，该方法具有较低计算复杂度，但不能直接给出影像的端元光谱（Plaza, 2009）。与上述方法不同，Martin 等（2012）提出的 SSPP 端元提取方法不仅在端元识别阶段应用空间信息，而且在端元提取前的影像处理阶段就结合空间信息进行端元提取，该方法首先分别基于影像空间信息和光谱信息进行聚类，然后在以上聚类的基础上选择较为纯净的光谱进行端元光谱识别。Mei 等（2010）在分析影像像元纯净度的基础上，结合光谱相似像元合并等方式给出了一种易于执行的端元提取方法，但该法无法估计影像中的异常像元，针对这个问题，其在文献（Mei, 2011）提出了一种结合空间和光谱信息的异常端元提取方法。

目前，国内在结合空间信息进行端元提起方面的研究还比较少。王晓玲等（2010）在综合利用非监督分类、纯净像元指数计算、线性光谱混合模型和凸面单形体理论的基础上，给出了一种端元提取算法。高晓惠等（2011）提出了基于光谱分类的端元提取算法，即先利用基于空间特征的光谱分类算法进行分类，将整个图像划分成空间相邻、光谱相似的若干类，每一类的均值光谱作为标准光谱，从所有类别的标准光谱中提取纯光谱。朱长明等（2011）提出了基于空间全局聚类分析的多光谱遥感影像端元自适应提取方法,该方法首先通过主成分分析对多光谱遥感影像进行降维处理,然后基于ISODATA对影像全局聚类,最后根据分块对象地物类型分布的复杂程度和散点图特征分析,自适应确定端元数目,再通过沙漏算法迅速地提取端元。王瀛等(2012)引入了基准向量的概念对AMEE(Plaza, 2002)中的像元排序规则和替换准则进行了改进,取得了较好的结果;许菡等(2012)使用图论的图像分割(normalized cut)与分水岭变换方法提出了一种改进的空间预处理模型,并用于高光谱遥感影像混合像元的端元提取,与文献(Zortea, 2009)中的方法类似,空间信息重点应用在端元提取前的影像预处理阶段。

实验证明,各种结合影像空间信息的端元提起方法,提高了所提取端元的准确性,在一定程度上降低了影像中的噪声影响。然而与仅基于光谱信息的端元提取方法相比,结合影像空间信息的端元提取方法最大不足之处是计算复杂度高。随着高光谱遥感的发展,影像空间分辨率愈加提高,影像的空间信息愈加丰富和重要。对高效的、结合空间信息的端元光谱提取方法的研究,将会进一步促进高光谱影像的定量分析和应用。

1.2.2 丰度反演

通过端元选择技术得到影像光谱后,接下来的混合像元分解就成了一个线性问题。目前应用最广泛的是最小二乘法,但由于无约束条件的分解方法具有时间复杂度大、分解效果不确定性大等缺点,因此多是利用其扩展模型,如Heinz等,将非负性和全加性约束引入到最小二乘中(Heinz, 2001),提出全约束的最小二乘法(full constrained least squares, FCLS)。投影寻踪(projection pursuit, PP)(Friedman, 1974)原是一种专门处理高维数据的降维方法,Chiang和Chang把其引入混合像元分解,利用信息散度作为指标,通过遗传算法搜索投影向量以达到分解原数据的目的(Chiang, 2001)。其他的影像丰度反演方法还包括最大似然估计(maximum - likelihood estimation)(Settle, 1996)、单形体体积法(simplex volume)(耿修瑞, 2004)和基于支撑向量机(SVM)后验概率的光谱解混法(吴波, 2006)等。

常见的影像丰度反演方法,是用全部的端元光谱集去分解每个像元,以求得各端元在此像元中所占的比例。然而事实上,单个像元并不一定含有所有端元光谱信息。只有参与分解的端元和像元实际包含的端元相符合时,才能得到最优的丰度反演结果,过多的端元与过少的端元都会降低反演精度(Heinz, 2001; Rogge, 2006)。如何在已知影像端元光谱的情况下,获得每个像元对应的端元光谱,即端元子集优化问题[有些文献称此问题为端元可变,为了与光谱变异(Bateson, 2000; 罗文斐, 2009)区分开来,本书称其为端元子集优化],已逐渐引起相关学者的重视。

Roberts 等(1998)最先对端元子集优化问题进行了研究,并提出了 MESMA(multiple endmember spectral mixture analysis)方法,该方法允许每个像元对应的端元光谱数目不同,且从影像整体端元光谱集中随机选择并组合端元光谱子集,以对该像元进行分解,通过获取具有最优分解效果的端元子集作为该像元的最优端元子集,然后逐像元进行分析以获得各端元在影像中的分布情况。很明显,该方法计算复杂度高。Roessner 等(2001)面向城市地物覆盖问题,提出了一种结合影像空间信息的端元子集优化方法,即在获取某像元端元子集的过程中结合其邻域像元的端元信息进行迭代误差分析。Li 等(2003)给出了另外一种方法,即保留具有最小平均均方根误差的端元子集。该方法在每种类型端元数目相同情况下是有效的,然而如果端元数目不确定,此方法不可用,因为任一不属于混合像元的端元加入,都有可能降低均方根误差(Rogge, 2006)。在以上方法基础上,Rogge 进一步提出了一种称为 ISMA(iterative implementation of SMA)的方法,ISAM 通过端元光谱集数目依次递减的方式进行光谱分解迭代,并对结果进行分析而获取每个像元最优端元子集,相对以上方法,此方法在计算复杂度上有了明显降低。Somers 等(2010)在树林落叶分析中,提出了另外一种解决端元子集优化的思路,即 wSMA,该方法在 SMA 迭代分析过程中,对每个端元光谱赋以权重值进行分析。

国内相关学者也对端元子集优化问题进行了研究。吴波等(2005) 在迭代误差分析基础上,结合像元的空间信息以确定像元的最优端元子集。丛浩等(2006)首先考察混合像元与端元的光谱相似性,然后结合地物空间分布特点,解决端元子集优化问题。吴柯等(2007) 基于 fuzzy ARTMAP 神经网络,提出一种基于端元变化的神经网络混合像元分解模型。李熙等(2009) 基于贝叶斯推理和线性光谱混合模型求取像元内端元集合的后验概率表达式,并结合端元光谱的正态分布函数,通过最大后验概率得到最佳的端元集合。

端元最优子集问题是高光谱影像定量分析和应用中需要解决的一个问题,多是面对具体问题背景具体分析,然而其共性是通过线性混合像元分解迭代分析,获得每个像元的最优端元子集,以提高光谱分解精度。

1.2.3 非监督解混

上述光谱解混方法多是通过影像像元光谱特征的单形体或顶点分析进行

端元提取,然后结合选择的端元反演模型而进行像元光谱分解,其核心是端元光谱的组建或提取。然而,以上所述的端元提取方法有光谱库难以完备、影像中每类地物纯净像元存在的假设性不一定满足等缺点。为此,相关学者引入盲信号分离技术(Jutten, 1991; Cichocki, 2002; 张贤达, 2001)来进行混合像元分解,即直接基于高光谱影像数据与基于相关盲信号分离技术,同步分解获得影像端元光谱和丰度,这个过程也称为高光谱影像非监督解混。

独立分量分析(independent component analysis, ICA)是实现盲信号分离的主要方法(Hyvärinen, 2000),其被 Chang 研究团队(Chang, 2002; Chiang, 2002; Wang, 2006)引入并进行非监督的高光谱线性解混研究;然而由于独立分量分析方法假设丰度具有统计独立性,与丰度之和固定这一现实情况相冲突,并不能把所有的端元正确分离出来(Nascimento, 2005)。Sajda(2003)根据端元光谱和丰度的非负性,引入一种新型的盲信号分离技术——非负相关矩阵分解(nonnegative matrix factorization, NMF)(Lee, 1997; 1999; 2001)进行光谱分解;并指出相对 ICA 方法,NMF 方法只允许加性组合,分离结果更容易理解。然而,相关研究表明,仅仅非负性约束仍然不足以进行高效和精确的高光谱解混(李二森, 2011)。下面仅就面向高光谱影像混合像元分解问题的非负矩阵分解方法相关进展进行总结。

NMF 分解结果不唯一,含有众多的局部极小值,目前的主要研究热点在于如何构建相应的约束条件。为使得结果满足丰度稀疏性要求,即高光谱影像中大部分的像元光谱只是端元光谱集中少数几种的混合,文献(Hoyer, 2004; Zare, 2008)提出并应用了端元丰度 L_1 规则化因子,并成为最为常用的丰度稀疏性约束方法;文献(Berry, 2007)提出一种端元丰度 L_2 规则因子,实验结果表明其在稀疏性约束方面较 L_1 规则化因子稍弱;文献(Qian, 2011)提出了一种端元丰度 $L_{1/2}$ 规则化因子,得到了较好的实验结果;文献(Yang, 2011)提出了一种关于端元丰度更高阶规则化因子,相应的非负矩阵方法称为 NMF-SMC,其实验表明,这种规则化因子比 L_1 和 L_2 规则化因子更为有效。另外,还有些有效的约束性 NMF 方法,如基于最小体积约束的非负矩阵分解方法(minimum volume constrainted nonnegative matrix factorization MVC-NMF)(Miao, 2007),是通过混合光谱的凸性分析而构建相应约束条件;该方法需要对原始影像数据进行波段降维,而有可能丢掉某些重要的光谱信息。为了降低 MVC-NMF 中最小体积求取过程的计算不稳定性,Yu(2007)提出了一种基于最小距离的约束方法,即用最小距离代替凸性分析中的最小体积约束,但该方法也有过拟合的问题(Yang, 2011)。与以上思路不同,Pauca(2006)提了一种基于端元光谱数据矩阵的平滑性约束方法(smoothness constrainted NMF, SC-NMF),SC-NMF需要一个对数据集预处理过程,且在迭代过程中的每一步都对光谱特征值进行归一化处理,因而相应的端元丰度难以有效估计。文献(Jia, 2009)提出了一种PSNMFSC (piecewise smooth NMF with sparseness constraint)方法,因该方法在迭代过程中有平滑性和稀疏性双重约束,得到较好的结果,但其需要端元丰度的稀疏性作为先验知识。文献(刘雪松, 2011)引入丰度分离性和平滑性约束,提出一种基于有约束非负矩阵分解的混合像元分解方法,但该方法缺少相应的迭代规则收敛性数学证明过程。文献(赵春晖, 2012)提出了以最小估计丰度协方差和单形体各顶点到中心点均方距离总和最小约束的非负矩阵分解(MCMDNMF)算法,获得了较好的分解结果。

可见,目前面向高光谱影像混合像元分解的NMF研究,多是基于端元丰度稀疏性或端元光谱特征空间分布特性构建相应约束条件,然而端元及端元丰度还有其他的一些特性有待进一步挖掘和利用。

1.3 本书的研究目标和研究内容

1.3.1 研究目标

本书研究目标为建立基于同质区分析的高光谱影像混合像元分解方案体系,并对实现该方案的关键技术方法进行研究,主要包括面向混合像元分解的光谱相似性分析、影像同质区分析,结合高光谱影像空间信息和光谱信息的端元光谱提取方法、丰度反演方法和非监督解混方法。

1.3.2 研究内容

本书的研究主要包括以下几个方面的内容:

(1)基于同质区分析的高光谱遥感影像混合像元分解框架。

面向高光谱遥感影像混合像元分解的研究现状和主要问题,提出基于同质区分析的高光谱遥感影像混合像元分解框架。重点研究包括:该框架所包含的技术层次;各个技术层次所关注的问题、解决方法和技术方案;不同技术层次间的逻辑关系和层次设置合理性。

(2)光谱相似性测度研究。

包括两个部分,即现有各种光谱相似性测度的光谱特征刻画方式、数学意义和有效性分析,以及面向高光谱影像混合像元分解问题的、新型光谱相似性测度的构建。

(3)影像同质区分析。

面向混合像元分解问题,基于高光谱影像空间和光谱特征,分析把影像分为"同质区"和"过渡区"的可行性和有效性,并在光谱相似性分析研究的基础上,提出相应的数学模型。

(4)高光谱影像端元光谱提取。

对现有的高光谱影像端元提取方法进行实验和总结,深入研究基于空间和光谱信息的端元提取方法,并提出基于同质区分析的高光谱影像端元提取方法技术框架。其中重点包括端元候选端元光谱获取方法、影像空间和光谱信息约束下的端元优化方法等。

(5)高光谱影像端元丰度反演。

深入研究并分析现有的高光谱影像端元丰度反演方法及其面对的主要问题;对像元端元子集优化问题进行深入分析,研究并提出一种在影像同质区分析基础上的、结合邻域信息的像元最优端元子集获取方法,以更为准确地反演影像中各种端元的丰度分布。

(6)基于非负矩阵分解的高光谱影像非监督解混。

深入研究非负矩阵理论方法,及其用于解决高光谱影像混合像元分解问题的优势和局限性。在分析现有各种基于非负矩阵分解的高光谱影像非监督解混方法的基础上,尝试结合影像同质区的空间和光谱特征,提出一种新型的约束条件,构建新型的目标函数,并给出相应迭代规则和收敛性数学证明。

第 2 章　高光谱影像混合像元分解模型研究

高光谱遥感影像通常具有几百个波段,含有丰富的光谱信息,使得影像地物的精细识别和定量分析成为可能。然而,因影像空间分辨率的限制和现实世界地物分布的复杂性,高光谱影像中存在大量的混合像元,这限制了其进一步定量分析和应用。逐步深入的混合像元分解研究为解决这个问题提供了新的思路。

本章先从高光谱影像混合像元产生的物理机制入手,在分析其混合模型和分解技术流程的基础上,提出了几个值得深入思考的问题,最后给出了本书的研究框架流程。

2.1　高光谱影像混合像元分解

高光谱影像中像元光谱响应特征值是所对应的地表物质光谱信号的综合,若该像元对应的地面区域内只包含一种特征地物,则称此像元为纯净像元(pure pixel),此像元的光谱信号就是该地物的光谱响应特征或光谱信号,也称为端元光谱(endmember spectrum);若该像元对应的地面区域内包含两种或更多种特征地物,则称此像元为混合像元(miexed pixel),如图 2-1 所示,此像元的光谱信号是区域内全部地物光谱信息的叠加,称为混合光谱(miexed spectrum)。高光谱影像混合像元分解就是获得影像中的端元光谱和各端元光谱在影像每个像元中所占比例的过程。

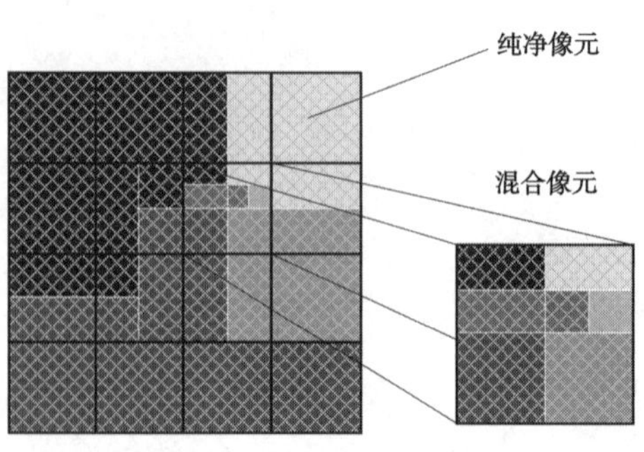

图 2-1　混合像元示意图

2.1.1　混合像元产生的物理机制

从理论上分析，遥感影像中混合光谱的形成主要原因有（童庆禧，2006）：

（1）单个像元内包含的多种地物光谱的混合效应（受地物光谱、地物几何结构及其在像元中的分布等因素影响）；

（2）大气传输过程中的混合效应；

（3）遥感仪器本身的混合效应。

其中（2）、（3）为非线性效应，大气的部分影响可以通过大气校正加以克服，仪器的部分影响可以通过仪器的校准、定标加以克服，结合本书研究内容，下面主要讨论地物间的光谱混合效应。

由于高光谱传感器的瞬时视场（instance field of view，IFOV）较大，比起全色、多波段遥感影像，高光谱影像中光谱混合的情况更为普遍，使得高光谱影像的应用和分析往往需要在亚像元（subpixel）级别进行，而高光谱影像中丰富的光谱信息也给亚像元分析和定量应用提供了可能性。这也是高光谱影像分析和应用区别于全色影像和多光谱影像的关键。

高光谱影像光谱混合模型从本质上可分为线性光谱混合模型（linear spectral mixing model，LSMM）和非线性光谱混合模型（nonlinear spectral mixing model，NSMM）（张兵，2011；Keshava，2002），如图 2-2 所示。线性光谱混合模型假设太阳入射辐射只与一种地物表面发生作用，物体间没有相互作用；非线性光谱混合模型假设太阳入射辐射与多种地物发生作用，可认为是一个迭代乘积的非线性过程。

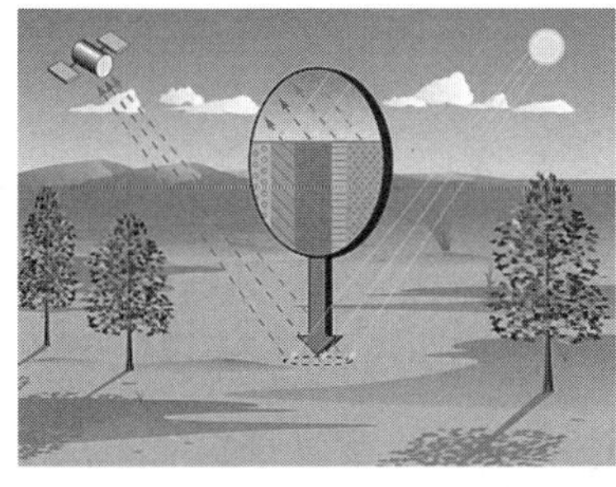

图 2-2　线性光谱混合模型和非线性光谱混合模型示意图

物体的混合情况和物理分布的空间尺度大小决定了非线性的程度。一般认为，大尺度的光谱混合可以被视为一种线性混合，而小尺度的内部物质混合是非线性的。在高光谱应用中，基于非线性光谱混合模型计算出的结果往往比基于线性光谱混合模型计算出的结果要好些（童庆禧，2006；张良培，2005），但是非线性光谱混合模型需要输入众多的参数。线性光谱混合模型在多种应用中取得了很好的效果，而且非线性光谱混合模型可以通过线性化转化为线性光谱混合模型（Johnson，1983；1990），因而本书对基于线性光谱混合模型的高光谱影像混合像元分解方法中的若干问题进行了研究和分析。

2.1.2 高光谱影像线性光谱混合模型

线性混合模型是最简洁、应用最广泛的光谱混合模型。本书将从三个角度进行描述，即物理学描述、代数描述和几何学描述。

2.1.2.1 物理学描述

假设成像光谱仪的瞬时视场角（IFOV）所对应的地面区域面积为 F，其中包含 r 种物质，它们在波长 λ 上的辐射亮度（或电磁波的反射率）分别记为 $L_1(\lambda)$，$L_2(\lambda)$，…，$L_r(\lambda)$（或 $\rho(\lambda_1)$，$\rho(\lambda_2)$，…，$\rho(\lambda_r)$），所占的面积分别为 F_1，F_2，…，F_r，其中 $\sum_{i=1}^{r} F_i = F$。如果入射光在这 r 种物质之间不存在多次散射的过程，即符合线性光谱混合模型的假设，根据非相干光的光辐射能量（功率）相加定律，探测器阵元接受的表观辐射强度（张兵，2011）为

$$FL(\lambda) = \sum_{i=1}^{r} F_i L_i(\lambda) = F \sum_{i=1}^{r} S_i L_i(\lambda) \tag{2-1}$$

式中：$S_i = \dfrac{F_i}{F}$，$i = 1, 2, \cdots, r$，是各物质在像元中所占的面积比，且有 $\sum_{i=1}^{r} S_i = 1$。

因此，与该 IFOV 对应的像元的表观辐射亮度 $L(\lambda)$ 将是各种物质辐射亮度乘以面积比的加权和，即

$$L(\lambda) = \sum_{i=1}^{r} S_i L_i(\lambda) \tag{2-2}$$

又由于

$$L(\lambda) = \frac{1}{\pi} \rho(\lambda) E(\lambda) = \frac{1}{\pi} \sum_{i=1}^{r} S_i \rho_i(\lambda) E(\lambda) \tag{2-3}$$

式中：$E(\lambda)$ 为太阳直射光和天空光在地面的总光谱辐射照度。

根据式（2-3）推出像元对应地面的光谱反射率为

$$\rho(\lambda) = \pi L(\lambda) / E(\lambda) = \sum_{i=1}^{r} S_i \rho_i(\lambda) \tag{2-4}$$

即 IFOV 地面像元的表观反射率是各种物质反射率按其面积比的加权和。

由于传感器获取的像元光谱信号反映了像元的整体表观光谱特性，当除

去大气上行辐射的影响后,一个理想的传感器系统所产生的像元光谱信号(童庆禧,2006)为

$$M(\lambda) = K \times L(\lambda) = K\sum_{i=1}^{r} S_i L_i(\lambda) \tag{2-5}$$

对于反射率光谱信号为

$$M(\lambda) = K \times \rho(\lambda) = K\sum_{i=1}^{r} S_i \rho_i(\lambda) \tag{2-6}$$

式中:K 为仪器和大气的各种参数,可以认为这些参数对影像的所有像元都是常数。

根据式(2-5)和式(2-6),IFOV 内所形成的混合像元光谱可以通过线性光谱混合模型进行描述:

$$m(\lambda) = \sum_{i=1}^{r} s_i a_i(\lambda) + \varepsilon(\lambda) \tag{2-7}$$

$$\sum_{i=1}^{r} s_i = 1 \tag{2-8}$$

$$s_i \geqslant 0, i = 1,2,\cdots,r \tag{2-9}$$

式中:λ 为波长;$m(\lambda)$为混合光谱(以 λ 为自变量的函数);$a_i(\lambda)$为各种地物的光谱,即端元光谱;s_i 为各种地物在混合像元中所对应的面积比例,即丰度;$\varepsilon(\lambda)$为误差项,表示线性光谱混合模型与实际的差异和噪声;r 为 IFOV 中存在的地物数目。

2.1.2.2　代数描述

理论上物质的光谱是关于波长 λ 的连续函数,但传感器对应的是波长 λ 的离散抽样。若抽样之后形成的特定波段集合为 $\lambda=\{\lambda_1,\lambda_2,\cdots,\lambda_L\}$,$L$ 为波段数,那么对应该传感器生成的像元光谱则是一个 L 维向量 $m=(m_1,m_2,\cdots,m_L)^{\mathrm{T}}$,其中 $m_j=m(\lambda_j)$;相应的,IFOV 中 r 种地物光谱,即端元光谱的 L 维向量为 $a_i=(a_{i1},a_{i2},\cdots,a_{iL})^{\mathrm{T}}$,其中 $a_{ij}=a_i(\lambda_j)$,$i=1,2,\cdots,r$,$j=1,2,\cdots,L$。

假设一个高光谱影像中含有 N 个 L 波段的像元$\{m_j\}$,$m_j=(m_{1j},m_{2j},\cdots,m_{Lj})^{\mathrm{T}}$,$j=1,2,\cdots,N$,该影像对应 r 种 L 波段地物光谱$\{a_i\}$,$i=1,2,\cdots,r$,且各种地物在像元 j 中所占的比例为 $s_j=(s_{1j},s_{2j},\cdots,s_{rj})^{\mathrm{T}}$,则对像元 j 有

$$m_j = \sum_{i=1}^{r} s_{ij} a_i + \varepsilon_j \tag{2-10}$$

整幅高光谱影像可以表示为

$$M = AS + \varepsilon \tag{2-11}$$

且具有以下约束

$$\sum_{i=1}^{r} s_{ij} = 1,\ j = 1,2,\cdots,N \tag{2-12}$$

$$s_{ij} \geq 0, i = 1,2,\cdots,r,\ j = 1,2,\cdots,N \tag{2-13}$$

其中,矩阵 $M=(m_1,m_2,\cdots,m_N) \in \Re^{L\times N}$表示含有 N 个 L 波段像元的高光谱影像数据,其每一列 $m_j=(m_{1j},m_{2j},\cdots,m_{Lj})^{\mathrm{T}}$ 表示一个 L 维的像元光谱列向量;矩阵 $A=(a_1, a_2, \cdots, a_r) \in \Re^{L\times r}$ 表示 r 个端元光谱数据,其每一列 $a_j = (a_{1j},a_{2j},\cdots,a_{Lj})^{\mathrm{T}}$ 表示一个 L 维的端元光谱列向量;矩阵 $S=(s_1,s_2,\cdots,s_N) \in \Re^{r\times N}$表示端元丰度数据,其中每一列 $s_j=(s_{1j},s_{2j},\cdots,s_{rj})^{\mathrm{T}}$ 表示 r 个端元在某个像元中的丰度列向量;矩阵 $\varepsilon=(\varepsilon_1,\varepsilon_2,\cdots,\varepsilon_N) \in \Re^{L\times N}$表示 N 像元在 L 个波段的误差项;式(2-12)称为“和为 1”约束(abundance sum－to－one constraint, ASC),式(2-13)称为非负约束(abundance nonnegatively constraint, ANC)。以上便是高光谱影像线性光谱混合模型的代数描述方式。

有时为了简化问题,可忽略误差项 ε,高光谱影像的线性混合模型代数表达形式则由式(2-10)和式(2-11)分别改写为

$$m_j = \sum_{i=1}^{r} s_{ij} a_i = A s_j \tag{2-14}$$

$$M = AS \tag{2-15}$$

高光谱影像中线性光谱混合模型的代数描述过程简洁、易于理解,是混合像元问题中最常用的模型描述方法。

2.1.2.3 几何学描述

假若一幅高光谱影像具有 L 个波段,那么其每个像元的光谱响应特征值可以视为一个 L 维向量,在 L 维空间中对应一个点;这个 L 维空间也可称为影像的光谱特征空间。在忽略误差项的前提下,见式(2-14),那么影像中某个像元 j 可以视为是 r 个端元$\{a_i\}_{i=1}^{r}$的线性组合,且明显可见组合系数 s_j 满足式(2-12)和式(2-13),因而这种线性组合被称为凸组合(convex combination)(Boardman, 1993; 张兵,2011)。因为高光谱影像每个像元都是端元$\{a_i\}_{i=1}^{r}$的凸组合,N 个像元集合$\{m_j\}_{j=1}^{N}$便构成了影像 L 维光谱特征空间中的一个关于端元向量$\{a_i\}_{i=1}^{r}$的凸集(convex set)。

假设 r 个端元向量$\{a_i\}_{i=1}^{r}$线性无关,且影像波段数目 $L \geq r-1$,那么影像 L 维光谱特征空间中包含端元向量$\{a_i\}_{i=1}^{r}$的最小凸集是一个 $r-1$ 维的凸面单形体,这些端元就是凸面单形体的 r 个端点(这也是“端元”的含义),而影像所

有的像元都是这些端元的凸组合，位于此凸面单形体的内部和表面（Boardman, 1994）。这便是高光谱影像线性混合模型的几何学描述。

对于高光谱影像，r 个端元向量$\{a_i\}_{i=1}^r$，即 r 种地物的光谱响应特征值向量一般是线性无关，且因影像波段数目众多，也能满足 $L \geq r-1$ 假设，因而高光谱影像也可以通过凸面单形体几何学分析进行影像端元提取等分析。

2.1.3　混合像元分解的一般技术流程

高光谱影像混合像元分解（指线性光谱混合像元分解，下同）是指基于线性光谱混合模型分析将影像 M 分解成所包含的端元光谱 A 和各端元光谱在每个像元中对应的丰度 S 的过程。

狭义的混合像元分解，特指端元丰度反演，不包括端元光谱提取。本书中的混合像元分解包括影像端元光谱提取和端元丰度反演两个部分。

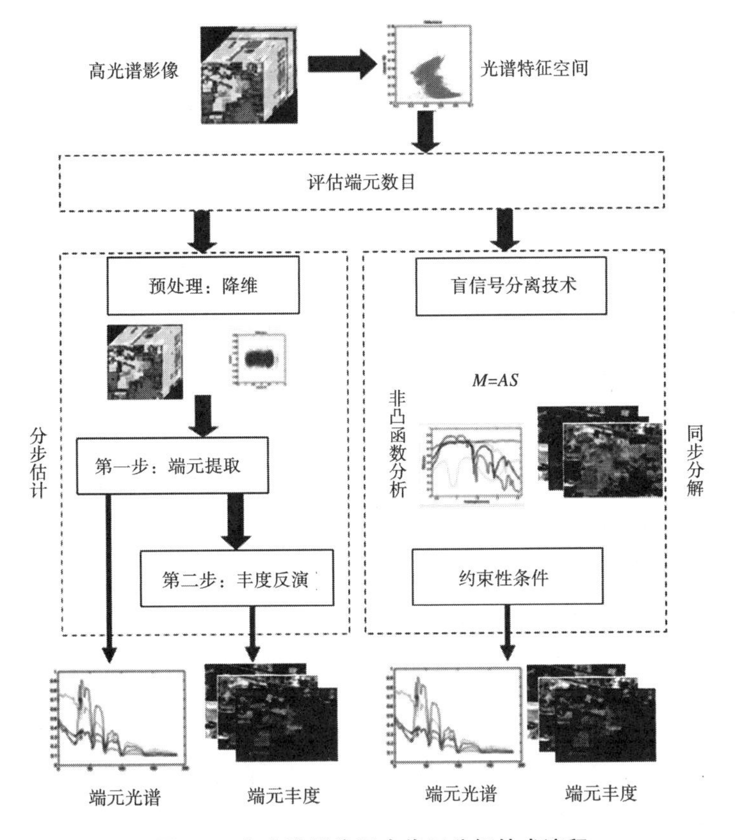

图 2-3　高光谱影像混合像元分解技术流程

目前的高光谱影像混合像元分解研究可分为两大类，即基于凸面几何学解译的类型（对应线性光谱混合模型的几何学描述方法）和基于数学模型解译的类型（对应线性光谱混合模型的代数学描述方法），如图 2-3 所示。

在评估获得高光谱影像内的端元数目后，基于凸面几何学解译的混合像元分解方法一般分为两个步骤，见图 2-3 左侧。首先基于影像像元的光谱特征维空间分布特征提取影像端元光谱，即高光谱影像形成的凸面单形体端点对应影像端元，其他点则是混合光谱；然后基于提取出的端元光谱，结合选择的端元丰度反演模型估计各端元在每个像元的比例。其中有些基于凸面几何学分析的端元提取方法，还需要影像波段降维等预处理步骤，以提高端元光谱提取效率。

基于数学模型解译思想的混合像元分解方法（见图 2-3 右侧）将高光谱影像混合像元问题视为一种盲信号分离问题，即将混合像元视为混合信号，通过盲信号分离技术分解得到原始信号（端元光谱）和混合方式（端元丰度）。与基于凸面几何学解译类型不同的是，基于数学模型解译思想的混合像元分解方法中端元光谱和端元丰度是同步获取的，而后者是分步进行估计求取的。

2.2 高光谱影像混合像元分解中的几个问题

在深入研究并分析目前的高光谱影像混合像元分解方法的基础上，提出几个问题并进行讨论。

2.2.1 空间信息在光谱混合像元分解中的地位和应用

高光谱影像通常具有几百个波段，革命性地实现了图谱合一，含有丰富的光谱、空间和辐射信息。然而在混合像元分解中，各种类型的方法多是把高光谱影像视为离散的、相互之间无任何关系的高光谱像元集合，或通过这些像元集的光谱特征空间分布分析（Boardman, 1995; Winter, 1999; Nascimento, 2005），或通过像元光谱数据矩阵的分解而求取端元光谱和端元丰度（Chiang, 2002; Wang, 2006），在这一过程中少见影像空间信息的挖掘和使用（Plaza, 2002; Rogge, 2007; Zortea, 2009; Martin, 2011）。对此，提出第一个问题：高光谱影像的空间信息能否引入混合像元分解问题中？

对于一般的高光谱影像而言，影像端元光谱的提取本质上是搜寻纯净像元的过程，即含有单一地物光谱信息的像元光谱。从像元光谱特征空间看，纯净像元光谱是分布在凸面单形体端点的点，混合像元是分布在由各个纯净像元点构成的凸面单形体内部或表面的点;从影像空间看,结合地面中各种地物的分布特点,影像中的纯净像元多是在地物大量分布的影像空间出现,而混合像元更多分布在不同地物类型交界处。那么,如果能通过影像空间信息出发,给出纯净像元高频出现的区域,则能提高影像纯净像元的搜寻效率。这是其一。

高光谱影像不可避免地受到各种噪声影响,其像元集在光谱特征空间的分布将不可能是规则的凸面单形体(Nascimento, 2005; Mei, 2010; Qian, 2011),那么通过凸面几何学分析而获得的各个端点对应的端元光谱必然因噪声存在而使其精度或有效性受到影响;诚然,部分噪声可通过一些技术方法(主成分分析或最小噪声分离等)进行抑制,然而同时也损失了光谱信号中的感兴趣的信息,降低了所提取光谱的有效性。从影像空间看各个像元,对某种地物而言,如果其在影像空间中有对应的纯净像元存在,那么是否会只有一个?还是有多个?应是后者。通过影像空间信息,获取各种地物对应的所有可能纯净像元,统一分析处理,可以进一步抵消随机噪声对各纯净像元光谱信息的影响,以提高所获取端元光谱的有效性和精度。此为其二。

各种混合像元分解方法在端元丰度反演中多是把各个像元孤立进行分析(Keshava, 2002; Heinz, 2001),即基于已获取的影像端元光谱,通过所选取的端元丰度反演模型,依次求取各个像元内各种端元信息的含量。端元提取过程中因不可避免地受到噪声影响而使其所得光谱有效性有一定程度降低,基于这些端元光谱而估计端元丰度,将会进一步积累误差,降低端元丰度反演的精度。现实世界中各种地物的丰度具有一定连续性,这在高光谱影像空间有相似的规律,即某像元中各种端元光谱的含量和其邻域像元中各种端元光谱的含量有一定相似性。将这种端元丰度于局部影像空间分布的相似性的信息引入端元丰度反演过程,或能提高端元丰度反演精度。即为其三。

以上三点是对于影像空间信息在高光谱影像混合像元分解问题中可能应用之处的思考。

2.2.2　影像局部空间信息对于影像整体和单个像元的意义

混合像元分解问题,面对的是整幅影像,落脚却在单个像元。基于一幅高光谱影像进行混合像元分解分析时,第一个要解决的问题是:这幅影像有哪几种地物,即端元光谱提取问题,得到的是整幅影像的端元光谱集;而后要分析的是这些地物在影像中的分布情况,即端元丰度反演问题,基于影像端元光谱集,结合选择的分解模型,得到每个像元内各种端元信息的存在比例。

这个看似合理的过程却有不切实际之处，即端元的稀疏性问题：影像整体所包含的地物种类（端元信息）和单个像元所包含的地物种类（端元信息）并不等同，而是一种包含的关系，即单个像元的端元包含于影像整体端元之中，前者是后者的子集。基于影像所有的端元光谱分解每个像元，不符合实际情况，且会带来额外的误差（Heinz, 2001；黄远程, 2010），只有基于适当的端元子集对单个像元进行分解，才会有较高的准确性。已经有相关文献（Roberts, 1998；Roessner, 2001；Li, 2003）对这点进行了分析，并提出了一些有效方法。如在文献（Roberts, 1998）中，对于某个像元，从所提出的影像整体端元光谱集中随机选择，并组合端元光谱子集以对该像元进行分解，获得最优分解效果的端元子集作为该像元的最优端元子集，并基于此端元子集进行端元丰度反演，然后逐像元进行分析，以获得各端元在影像中的分布情况；还有一些其他方法，也是逐像元分析方法（Rogge, 2006）。然而逐像元分析，无疑会有较大的计算量和复杂度。

一并考虑 2.2.1 分析的利用影像空间信息的意义，此处的问题是：在高光谱影像混合像元分解中，能否将影像局部区域构架于影像整体和单个像元之间？

如果有影像局部区域，其内部像元光谱相似、含有的端元大致相同、相应端元丰度近似，那么应该可以引入此影像同质区内的空间和光谱信息特征以提高端元提取效率、降低噪声影响、构建相应约束条件，且以此影像局部区域为单位进行丰度反演，以降低噪声影响、提高分析效率。

接下来的问题是：一幅高光谱影像是否可以分为独立而闭合的多个影像局部区域？基于何种标准来确定某些像元集便是这种“影像局部区域”？基于像斑的高光谱影像分析方法中有很多有效的思想（舒宁, 2011；龚龑, 2007；林丽群, 2008）。

2.2.3　光谱之间相似性的定量分析方法

高光谱影像混合像元分解中，以及其他的高光谱影像处理和分析中，如何定量化地分析像元光谱之间的相似性是一个基础性的问题，也是光谱各种光谱相似性测度要解决的问题。

经过 10 多年的研究，已经提出了很多行之有效的光谱相似性测度，如光谱距离（ED）（Keshava, 2004）、光谱角（SAM）（Kruse, 1993）及光谱信息散度（SID）（Chang, 2000）等，不同的相似性测度基于不同的特征准则进行像元光谱间相似性分析，如 ED、SAM 和 SID 分别基于光谱特征空间的几何距离、向量间的夹角、光谱信号间的互信息。相关研究表明，基于不同的光谱相似性测度会得到不同的光谱间相似性分析结果(Meer, 2006; Kong, 2011)。

那么，对于高光谱影像处理和分析而言，如何能更有效地进行像元光谱间相似性分析，如何能更准确地进行不同地物光谱间判别，是一个需要深入考虑的问题。

2.3 基于同质区分析的混合像元分解技术框架

首先介绍本书的研究技术框架，然后讨论影像同质区分析在本书的研究方案和技术框架中的意义。

2.3.1 研究技术框架

在以上研究和分析的基础上，给出本书的研究技术框架，即基于同质区分析的混合像元分解技术框架，见图 2-4。共包括 5 个部分：光谱相似性分析、影像同质区分析、结合影像空间和光谱信息的端元光谱自动提取方法、基于约束性非负矩阵分解的非监督解混方法和顾及邻域信息的端元丰度反演方法。

2.3.1.1 光谱相似性分析

在几何距离、相关系数和相对熵的基础上，提出一种融合光谱特征空间距离、光谱曲线几何形状和光谱数据信息含量的光谱相似性测度，以更全面地定量分析地物光谱间的相似性，并用于影像同质区分析、端元提取、非监督解混和丰度反演等四个部分，以及混合像元分解结果定量分析之中的光谱之间相似性分析。相关内容见第 3 章。

2.3.1.2 影像同质区分析

根据端元提取和端元丰度的本质，结合影像空间信息的意义，给出了影像同质区和过渡区的概念，并在光谱相似性分析的基础上，提出了一种像元同质指数数学模型，并基于 OTSU 分析和 SVD 第一特征含量分析，给出了影像同质区获取方法。影像同质区像元之间光谱相似，出现纯净像元的概率大；影像过渡区像元与邻域像元之间光谱差异大，含有大量的混合光谱。影像同质区的空间和光谱信息将用于提取影像端元光谱和构建混合像元分解中相关的约束条件。相关内容见第 4 章。

2.3.1.3 结合影像空间和光谱信息的端元光谱自动提取方法

针对大多端元光谱提取方法多是仅基于影像光谱信息进行分析的现状，在同质区基础上，给出了一种结合影像空间信息和光谱信息的端元光谱自动

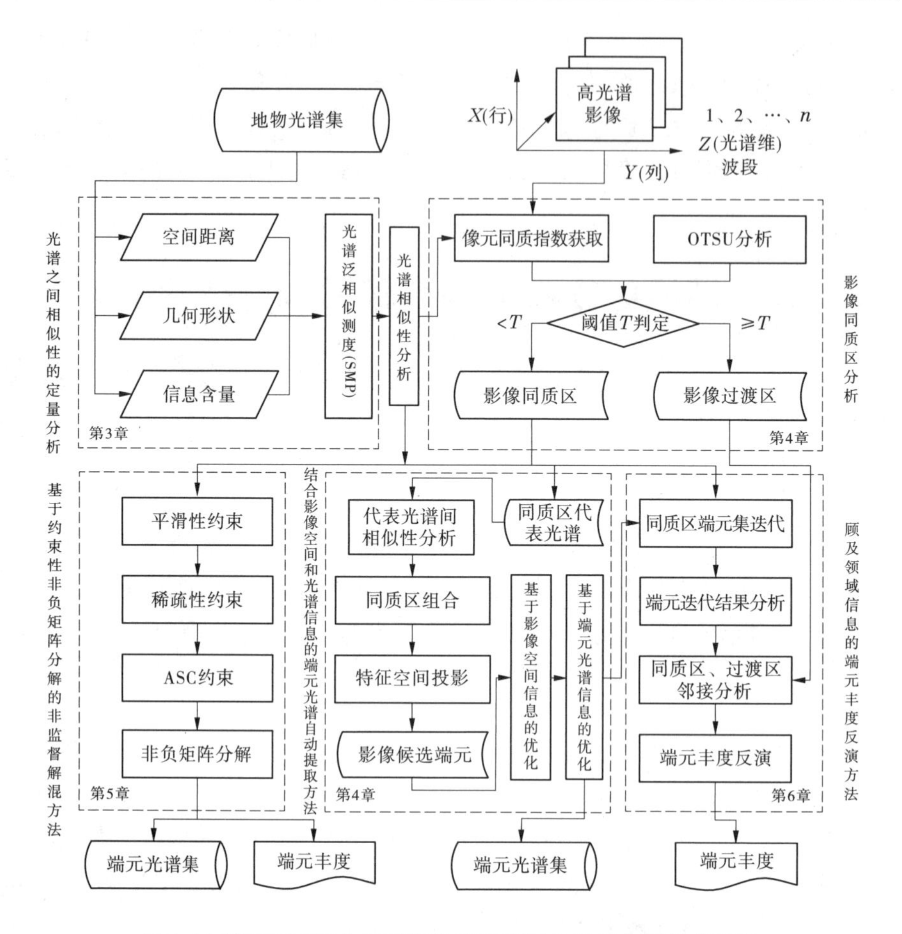

图 2-4　基于同质区分析的高光谱影像混合像元分解技术框架

提取方法。在影像同质区分析的基础上，根据影像同质区的光谱特性，形成影像同质区组；对每个影像同质区组进行光谱特征空间投影，获取候选端元光谱；而后依次经过影像空间信息约束和端元光谱信息约束下优化，获取最终的影像端元光谱。相关内容和影像同质区分析见第 4 章。

2.3.1.4　基于约束性非负矩阵分解的非监督解混方法

在影像同质区分析的基础上，根据影像同质区的空间和光谱特征，给出端元丰度平滑性和端元丰度稀疏性命题，并进行讨论和分析；在此基础上，构建丰度平滑性约束性条件，形成新型的非负矩阵分解目标函数，给出相应的迭代规则和其收敛性数学证明；与其他约束方法相结合，进行高光谱影像非监督解混研究。相关内容见第 5 章。

2.3.1.5 顾及邻域信息的端元丰度反演方法

在影像同质区分析的基础上,根据影像端元的稀疏性事实,通过端元光谱集迭代分析,给出了同质区最优端元子集获取方法;通过影像同质区和过渡区邻接分析,在相邻同质区最优端元子集的基础上得到过渡区的端元子集;对于每一个像元,基于其所在区域的最优端元子集进行端元丰度反演。相关内容见第 6 章。

2.3.2 影像同质区的概念和意义

由研究技术框架可见,影像同质区是影像同质区分析的结果之一,在本书研究中起基础性作用,端元提取、非监督解混、端元丰度反演等研究内容都是基于影像同质区而进行的。为了更为清晰地阐述其意义,下面先给出本书中影像同质区的概念,然后分析其与像斑等概念的区别。

本书的影像同质区是指影像空间相邻、光谱相似的像元组成高光谱影像连通区域,和影像过渡区同为影像同质区分析的结果,其空间和光谱信息特征将用于高光谱影像混合像元分解的各个过程。

这里的影像同质区分析是指通过像元同质指数定量刻画影像中每个像元与其影像空间邻域像元的光谱相似性程度,根据某种阈值和连通分析,将影像分为两种类型的区域,即影像同质区和影像过渡区。

从其概念和获取过程,可见本书的影像同质区和像斑有以下共同点:

(1)表现形式相同,都是影像中符合某种约束的连通区域。

(2)获取方法相同,都在获取过程中用到了影像分割。

(3)属性状态相同,都不具有明确的地物属性意义。

两者又有以下不同之处:

(1)内涵与外延不同。像斑是影像分割的结果,整幅影像将由所有像斑集组成;本书影像同质区是像元与其邻域像元光谱相似性分析的结果,整幅影像包含所有的影像同质区集和所有的影像过渡区集;一定程度上,影像同质区可以是像斑,但并不是所有的像斑都对应本书的影像同质区。

(2)应用领域不同。像斑是以像元为最基本单元的影像解译中的概念,本书影像同质区是亚像元级别上影像定量分析过程中的概念。

(3)提出目的不同。像斑的提出是为了能在影像解译中应用像斑之间的空间关系、像斑内部的几何结构而生成,本书的影像同质区是为了能更高效的端元光谱提取和端元丰度反演而获取。

2.4 小　结

本章介绍了高光谱影像混合像元产生的物理机制、相关模型和常见的分解技术流程。在此基础上,结合现有的混合像元分解研究现状提出了几个值得深入思考的问题,重点讨论了影像空间信息在混合像元分解问题中的作用;最后给出了本书的研究框架流程,并分为五个部分进行了简要介绍。

第 3 章　一种新型的光谱相似性测度

光谱相似性测度是指通过所选择的光谱特征进行像元光谱间相似性定量分析的方法，是高光谱遥感影像定量化分析和精细地物直接识别的基础。通过光谱相似性测度，可以达到地物光谱识别和影像地物属性分析的目的。对于高光谱影像，光谱混合情况普遍、像元光谱维数高等特点，给光谱间的相似性测度分析带来新的挑战。

不同的光谱相似性测度具有不同的光谱特征选择和刻画方式，得到的结果也不尽相同。相关研究表明，利用光谱的单一特征往往无法全面反映地物光谱间的相似性，当进行光谱识别和光谱相似性分析时，需要综合考虑光谱的多种特征。

本章在分析现有光谱相似性测度方法的基础上，面向高光谱影像混合像元分解中光谱相似性分析的需求，综合考虑像元光谱的多种特征，提出了一种新型的光谱相似性测度。

3.1　现有的光谱相似性测度现状分析

光谱相似性测度（spectral similarity，measure，SSM）是通过选择某种光谱特征刻画方式以定量化表达光谱间相似性的方法。通过光谱相似性测度，可以定量化地表征未知属性光谱和已知属性光谱间的相似程度，以达到地物属性识别的目的，也可以用以进行高光谱影像纹理分析、降维、分割、压缩以及分类等影像处理和分析研究。本节在研究并分析各种光谱相似性测度的基础上，将其分为三大类，即基于全波段的光谱相似性测度、基于波段选择和变换的光谱相似性测度及结合特定数学理论的光谱相似性测度。

假设有两条像元光谱分别为 $r_i=(r_{i1},r_{i2},\cdots,r_{iN})^{\mathrm{T}}$ 和 $r_j=(r_{j1},r_{j2},\cdots,r_{jN})^{\mathrm{T}}$，其中 N 为光谱波段数，r_{ik} 和 r_{jk} 分别为光谱 r_i 和光谱 r_j 在波段 k 的光谱辐射或反射信号特征值，$k=1,2,\cdots,N$。

3.1.1　基于光谱全波段的光谱相似性测度

基于全波段的光谱相似性测度，通过所选择的光谱特征，直接分析原始光谱响应特征值而定量化地给出光谱间的相似程度，主要包含以下几种相似性测度模型。

3.1.1.1　基于光谱欧式距离的模型(euclidian distance，ED)

基于光谱欧式距离的模型把光谱响应特征值数据看成一高维向量，对应光谱特征空间中的某个点；光谱间相似性分析时以光谱特征空间中两点之间的欧式距离作为光谱相似性判别依据(Sweet, 2000; Keshava, 2004)。光谱间的欧式距离越小，表示光谱越相似。对光谱 r_i 和光谱 r_j，它们的欧式距离为

$$ED(r_i, r_j) = \left[\sum_{k=1}^{N} (r_{ik} - r_{jk})^2 \right]^{\frac{1}{2}} \tag{3-1}$$

从距离概念出发，除基于光谱欧式距离的匹配模型外，还可以扩展为基于光谱曼哈坦距离的匹配模型和基于光谱明考斯基距离的匹配模型等。

基于欧式距离的模型应用最为广泛，如在高光谱影像纹理分析，影像分割、分类以及压缩之中，然而实验证明(Kong, 2010)，对于高光谱而言，随着波段数目提高、数据维数增大，基于欧式距离而得到的光谱相似性分析结果有时候并不能全面、准确地反映地物间的相似性。

3.1.1.2　基于光谱角度的模型(spectral angle measure，SAM)

基于光谱角度的模型通过计算光谱之间的"角度"来确定它们的相似程度(Kruse, 1993; SOHN, 2002)。相应的光谱角度越小，地物光谱越是相似。SAM 将通过下式确定两条像元光谱 r_i 和光谱 r_j 之间的相似性：

$$SAM(r_i, r_j) = \cos^{-1}\left[\frac{\sum_{k=1}^{N} r_{ik} r_{jk}}{\left(\sum_{k=1}^{N} r_{ik}^2\right)^{1/2} \left(\sum_{k=1}^{N} r_{jk}^2\right)^{1/2}} \right] \tag{3-2}$$

3.1.1.3　基于光谱交叉相关系数的模型(spectral correlation measure，SCM)

基于光谱交叉相关系数的模型通过计算两种光谱在不同位置(波段或波长位置)的相关系数，绘制出的交叉相关曲线图，并结合交叉相关曲线图的偏度和相关系数的相关显著性意义等概念，来综合可视化表征光谱间的相似性(Meer, 1997; 2006)。SCM 计算公式如下：

$$SCM(r_i, r_j, m) = \frac{\sum_{k=1}^{L(m)} (r_{ik} - \bar{r}_i)(r_{jk} - \bar{r}_j)}{\left[\sum_{k=1}^{L(m)} (r_{ik} - \bar{r}_i)^2\right]^{1/2} \left[\sum_{k=1}^{L(m)} (r_{jk} - \bar{r}_j)^2\right]^{1/2}} \tag{3-3}$$

式中：m 为匹配位置，把其中一个光谱称为参考光谱，当其向短波方向移动时

m 取负值,当向长波方向移动时 m 取正值;$L(m)$ 为两条像元光谱重合的波段数,随 m 而变化。根据协方差性质,式(3-3)等同于:

$$SCM(r_i,r_j,m)=\frac{L(m)\sum_{k=1}^{L(m)}r_{ik}r_{jk}-\sum_{k=1}^{L(m)}r_{ik}\sum_{k=1}^{L(m)}r_{jk}}{\left[L(m)\sum_{k=1}^{L(m)}r_{ik}^2-\left(\sum_{k=1}^{L(m)}r_{ik}\right)^2\right]^{1/2}\left[L(m)\sum_{k=1}^{L(m)}r_{jk}^2-\left(\sum_{k=1}^{L(m)}r_{jk}\right)^2\right]^{1/2}} \tag{3-4}$$

交叉相关图的偏度根据 M 求得,M 是光谱向长波段或向短波段移动的波段数,可视光谱分辨率而定。文献(Van Der Meer,1997)中 M 取值为10。交叉相关图的偏度公式如下:

$$\nu_{\mathrm{scm}}=E\left[\left(\frac{SCM-E(SCM)}{\sqrt{D(SCM)}}\right)^3\right]=\frac{E\{[SCM-E(SCM)]^3\}}{[D(SCM)]^{3/2}} \tag{3-5}$$

式中:$E(SCM)$ 为相关系数的均值;$D(SCM)$ 为相关系数的方差。相关显著性评估采用自由度为 $n-2$ 的 t 分布表查得 $t_{0.05}(n-2)$,如果 $SCM(r_i,r_j,m)>t_{0.05}[L(m)-2]$,则认为光谱 r_i 和光谱 r_j 在位置 m 处相关性显著,否则无统计意义。

对于完美的光谱匹配情形,将有较多相关系数具有相关显著性意义,且交叉相关图应是以 $m=0$ 处对称、偏度 $\nu_{scm}=0$ 且 $SCM(r_i,r_j,0)=1$ 的抛物线。$\max\{SCM(r_i,r_j,m)\mid SCM(r_i,r_j,m)>t_{0.05}[L(m)-2]\}_{m=-M}^{M}$ 越大且 v_{scm} 越小,表示光谱 r_i 和光谱 r_j 的匹配结果越好。

基于光谱交叉相关系数的光谱相似性分析方法从光谱波段"移位"的概念上给出了新的解释,但该方法计算复杂;当 $m=0$ 时,该方法退化为一般的基于光谱间相似系数的分析方法。

3.1.1.4　基于光谱信息散度的模型(spectral information divergence measure, SID)

基于光谱信息散度的匹配模型是引入信息论中的相关概念和理论而发展起来的一种光谱随机性相似测度(Chang, 2000; Du, 2004)。SID 把光谱信号特征在不同波段间的变化视为一变量受随机因素影响而产生的不确定性结果。*SID* 值越小,表示光谱 r_i 和光谱 r_j 的匹配结果越好。*SID* 的计算公式为

$$SID(r_i,r_j)=D(r_i\parallel r_j)+D(r_j\parallel r_i) \tag{3-6}$$

其中,$D(r_i\parallel r_j)$ 和 $D(r_j\parallel r_i)$ 称为光谱 r_i(或光谱 r_j)关于另一个光谱 r_j(或光谱 r_i)的相对熵:

$$D(r_i\parallel r_j)=\sum_{k=1}^{N}p_{ik}D_k(r_{ik}\parallel r_{jk})=\sum_{k=1}^{N}p_{ik}[I(r_{jk})-I(r_{ik})] \tag{3-7}$$

$$D(r_j \parallel r_i) = \sum_{k=1}^{N} p_{jk} D_k(r_{jk} \parallel r_{ik}) = \sum_{k=1}^{N} p_{jk} [I(r_{ik}) - I(r_{jk})] \tag{3-8}$$

其中 $I(r_{ik}) = -\log p_{ik}$，称为光谱 r_i 第 k 波段的互信息；而 $p_{ik} = r_{ik} / \sum_{n=1}^{N} r_{in}$，称为光谱 r_i 第 k 波段的概率。相应的 $I(r_{jk}) = -\log p_{jk}$，$p_{jk} = r_{jk} / \sum_{n=1}^{N} r_{jn}$。

实验表明(Kong, 2010; Van Der Meer, 2006)，基于光谱信息的模型，在此四种光谱相似性测度中表现最为稳定，具有较强的光谱相似性判别力和较低的光谱判别不确定度。

3.1.2　基于波段选择和变换的光谱相似性测度

为了提高光谱相似性测度的有效性，降低光谱判别时的不确定度，又有了以下对光谱原始光谱特征响应值的预处理和分析方法，在处理和分析结果之上进行光谱相似性分析。主要包含以下几种方法。

3.1.2.1　基于光谱吸收/反射特征的模型

一条地物光谱曲线包含了该地物反射或发射电磁波的特有属性特征，因而可以根据其光谱相应特征值分析其吸收/反射特征以进行不同光谱间的相似性分析(Tang, 2005; 张兵, 2002)。

根据地物光谱不同波长对应的特征响应值可以画出一条光谱曲线，分析曲线中的吸收谷或者反射峰特征而进行光谱相似性分析，这便是光谱吸收/反射特征模型的原理。光谱吸收/反射特征主要包含吸收/反射位置、吸收深度/反射峰高、吸收/反射宽度、吸收/反射对称性。

目前，常见的方法多是研究地物光谱的吸收特征，忽视了光谱的反射特征。本书认为地物光谱的反射特征也很重要，含有明确的物理属性意义，且综合考虑地物光谱曲线的多个吸收谷/反射峰特征会提高光谱判别精度。

3.1.2.2　基于光谱编码的模型

为降低海量数据处理时产生的冗余信息，需要在匹配前对数据进行数据缩减，比较简单的方法用一系列的二进制编码来表示光谱(Chang,2009)：

$$\begin{cases} h_{ik} = 0, if r_{ik} \leqslant T \\ h_{ik} = 1, if r_{ik} > T \end{cases} \tag{3-9}$$

式(3-9)中 h_{ik} 是光谱 r_i 在第 k 波段的编码值，T 是选定的门限值，通常取像元光谱特征响应值的平均值。但是二值编码只是简单的将光谱特征响应值划分成了两类，很难保证较好的光谱相似性分析效果。另外，一些改进的方法包括分段编码、多门限编码、特定波谱区间编码、波段组合二值编码、波段组合差值编码、波段组合比值编码等。

经过编码处理，各像元光谱可得到相应的编码特征，能在一定程度上保留波形吸收位置、深度和宽度等重要的形态特征。对比不同光谱间的编码特征，可以实现不同光谱间的相似性分析。该方法的缺点是在编码过程中许多光谱的细节信息被丢失，所以只适用于粗略的光谱相似性分析。

3.1.2.3　基于包络线去除的模型

包络线去除模型是一种常用的光谱分析方法（童庆禧，2006）。对于高光谱影像中的像元光谱，因受光谱混合或噪声影响，原始的光谱特征响应值往往难以真实表现其对应地物的相关光谱特征，基于包络线去除，便可以有效地突出光谱曲线的吸收和反射特征，并且将其归一化到一个一致的光谱背景上，从而有利于提取出感兴趣的波段和特征参数，以进行更高精度的光谱相似性分析。

3.1.2.4　光谱导数和积分

光谱导数可以起到增强光谱曲线细微变化、消除部分大气效应的作用。文献（Johnson，1996）给出了光谱一阶导数和二阶导数公式，假设高光谱影像像元 P 所获得能量 L 与地物反射率 ρ 之间的关系为

$$L = T \times E \times \rho + L_p \tag{3-10}$$

式中：T 为大气透过率；E 为太阳辐照度；L_p 为程辐射。

一阶导数为

$$\begin{aligned} \mathrm{d}L/\mathrm{d}\lambda = T \times E \times \mathrm{d}\rho/\mathrm{d}\lambda + \rho \times T \times \mathrm{d}E/\mathrm{d}\lambda + \\ E \times \rho \times \mathrm{d}T/\mathrm{d}\lambda + \mathrm{d}L_p/\mathrm{d}\lambda \end{aligned} \tag{3-11}$$

二阶导数为

$$\begin{aligned} \mathrm{d}^2L/\mathrm{d}\lambda^2 = T \times E \times \mathrm{d}^2\rho/\mathrm{d}\lambda^2 + \rho \times T \times \mathrm{d}^2E/\mathrm{d}\lambda^2 + E \times \rho \times \mathrm{d}^2T/\mathrm{d}\lambda^2 + \\ 2\rho \times \mathrm{d}T\mathrm{d}E/\mathrm{d}\lambda^2 + 2T \times \mathrm{d}E\mathrm{d}\rho/\mathrm{d}\lambda^2 + 2E\mathrm{d}\rho\mathrm{d}T/\mathrm{d}\lambda^2 + E \times \rho \times \mathrm{d}L_p^2/\mathrm{d}\lambda^2 \end{aligned} \tag{3-12}$$

如果地物光谱曲线形状有明显变化，$\mathrm{d}\rho/\mathrm{d}\lambda$ 和 $\mathrm{d}^2\rho/\mathrm{d}\lambda^2$ 将会远远大于各自所在式（3-11）和式（3-12）右边其他各项，而相应导数可表示为

$$\mathrm{d}L/\mathrm{d}\lambda = T \times E \times \mathrm{d}\rho/\mathrm{d}\lambda + \Delta\sigma_1 \tag{3-13}$$

$$\mathrm{d}^2L/\mathrm{d}\lambda^2 = T \times E \times \mathrm{d}^2\rho/\mathrm{d}\lambda^2 + \Delta\sigma_2 \tag{3-14}$$

研究表明，光谱导数可以消除部分大气效应，且能消除植被光谱中的土壤成分的影响，能更精确地提取植被光谱的本质特征。

光谱积分是指求光谱曲线在某一波长范围内的下覆面积，计算公式为

$$\varphi = \int_{\lambda_1}^{\lambda_2} f(\lambda)\,\mathrm{d}\lambda \tag{3-15}$$

式中：$f(\lambda)$为光谱曲线；λ_1 和 λ_2 是积分的起止波段。通过分波段区间的光谱积分可起到光谱数据降维的作用。

3.1.3 结合特定数学理论的光谱相似性测度

以上各种模型都是通过光谱处理和分析，提取新型的光谱特征，然后结合所选择的匹配模型进行光谱相似性分析。另外，近些年也有一些新型的结合数学理论的光谱相似性模型被提出，包括结合小波变换（wavelet transform）的模型（Chafia, 2002）、结合隐形马尔科夫（hidden markov）的模型（Chang, 2003）、结合人工神经网络的模型（SHI, 2008）、结合 DNA 计算的模型（Jiao, 2012）和结合模糊数学的模型等。

3.2 光谱泛相似测度

高光谱影像通常具有几百个波段，含有丰富的光谱信息。利用光谱的单一特征无法全面地反映地物光谱间的相似性，光谱识别时需要综合考虑光谱的多种光谱特征。本书在几何距离、相关系数和相对熵的基础上提出了一种兼顾地物光谱矢量大小、光谱曲线形状和光谱信息量的新型光谱相似性测度，即光谱泛相似测度（spectral pan-similarity measure，SPM）。

光谱判别时，SPM 综合考虑光谱矢量大小、光谱曲线形状和光谱信息量三种光谱特征进行地物光谱间的相似性分析。两条像元光谱满足以下三方面要求，即相似的光谱矢量大小、相似的光谱曲线形状和相似的光谱信息量时，则认为这两条像元光谱是相似的。这便是本书提出的光谱泛相似测度（SPM）的主要思想。下面将探讨光谱矢量大小、光谱曲线形状和光谱信息量的表达方式，最后给出 SPM 数学模型并分析其数学特性。

假设 $r_i=(r_{i1},r_{i2},\cdots,r_{iN})^{\mathrm{T}}$ 和 $r_j=(r_{j1},r_{j2},\cdots,r_{jN})^{\mathrm{T}}$ 分别为任意两种地物光谱矢量或两个影像像元光谱矢量 $S_i=(S_{i1},S_{i2},\cdots,S_{iN})^{\mathrm{T}}$ 和 $S_j=(S_{j1},S_{j2},\cdots,S_{jN})^{\mathrm{T}}$ 相应归一化后的光谱反射或辐射特征响应值，其中 N 为光谱波段数，r_{ik} 为光谱 s_i 的 k 波段 S_{ik} 对应的辐射或反射信号特征值，$k=1,2,\cdots,N$。

3.2.1 光谱矢量大小

光谱矢量大小指的是由地物光谱特征响应值组成的矢量大小。不同地物的光谱矢量大小差异可基于光谱矢量间的几何距离进行表达。本书选取欧式距离（ED）来表征光谱矢量大小差异，基于式（3-1）有：

$$SBD(r_i,r_j)=\sqrt{\frac{1}{N}ED}=\sqrt{\frac{1}{N}\sum_{k=1}^{N}(r_{ik}-r_{jk})^2} \tag{3-16}$$

其中，N 代表光谱波段数，根号中的系数 $1/N$ 去除了光谱矢量大小对光谱维数的相关性，从而 SBD 表示两条像元光谱矢量间的平均距离；光谱 r_i 和 r_j 的 SBD 值越小表示其光谱矢量大小越相似，取值范围为 0～1。

3.2.2　光谱曲线形状

两个地物的光谱曲线形状差异可通过光谱间的皮尔森相关系数求取（OA, 2002; Sweet, 2003）：

$$SSD(r_i,r_j)=\left(\frac{1-SCM(r_i,r_j)}{2}\right)^2 \tag{3-17}$$

其中，SCM 是光谱矢量间的皮尔森相关系数：

$$SCM(r_i,r_j)=\frac{\sum_{k=1}^{N}(r_{ik}-\bar{r}_i)(r_{jk}-\bar{r}_j)}{\left[\sum_{k=1}^{N}(r_{ik}-\bar{r}_i)^2\right]^{1/2}\left[\sum_{k=1}^{N}(r_{jk}-\bar{r}_j)^2\right]^{1/2}} \tag{3-18}$$

SCM 的取值范围为 -1～1，绝对值越大说明光谱间相关性越强。由式（3-17）可知，光谱 r_i 和 r_j 的 SSD 值越小表示其光谱曲线形状越相似，取值范围为 0～1。

3.2.3　光谱信息量

光谱信息量是指把地物光谱特征响应值视为某一变量的随机分布，而这种随机分布所含有的信息量有大小。本书直接采用光谱信息散度（spectral information divergence, SID）（Chang, 2000; Du, 2004）来表征不同地物间的光谱信息量差异。SID 通过 KL 距离计算两个地物光谱间的相对熵，即信息量的差异；两条地物光谱 r_i 和 r_j 的 SID 值越小，表示这两条地物光谱承载的信息量越近似。SID 的计算公式：

$$SID(r_i,r_j)=D(r_i\parallel r_j)+D(r_j\parallel r_i) \tag{3-19}$$

式中：$D(r_i\parallel r_j)$ 和 $D(r_j\parallel r_i)$ 称为光谱 r_i（或光谱 r_j）关于另一个光谱 R（或光谱 r_i）的相对熵，其公式分别见式（3-7）和式（3-8）。

3.2.4 SPM 及其数学特性

基于以上分析可以给出一种 SPM 数学模型：

$$SPM(r_i,r_j) = SID(r_i,r_j) \times \tan\sqrt{SBD(r_i,r_j)^2 + SSD(r_i,r_j)^2} \quad (3\text{-}20)$$

SPM 综合考虑了光谱矢量大小、光谱曲线形状和光谱信息量三方面特征信息。两条像元光谱的 *SPM* 值越小，说明这两条像元光谱越相似。式(3-20)中的正切函数也可以改为正弦函数或直接相乘。

从数学性质上分析 *SPM*，假设 A、B 和 C 为任意三个 N 维矢量，$D(A,B)$ 代表矢量 A 和 B 之间的距离，那么其必须满足以下四个性质：

(1) 非负性：$D(A,B) \geqslant 0$；

(2) 自反性：$D(A,B) = 0$ 当且仅当 $A=B$ 时；

(3) 对称性：$D(A,B) = D(B,A)$；

(4) 三角不等式：$D(A,C) \leqslant D(A,B) + D(B,C)$。

由式(3-20)可以推出，SPM 满足前三个性质，但不能满足三角不等式性质，因为作为 SPM 基础函数的 SCM 不能满足三角不等式。另外，SPM 中的三个基础函数 SBD、SSD 和 SID 并不是相互独立，具有一定的内在相关性。然而，这并不妨碍 SPM 用于光谱相似性分析。SPM 结合光谱矢量大小、光谱曲线形状和光谱信息量三种光谱特征进行相似性分析，使得相似的光谱更为相似，不相似的光谱差别更大。

3.3 光谱相似性测度有效性评价标准

面对不同的光谱相似性测度，需要一种客观的统计标准来评估其有效性。一种表现优越的匹配模型需要能很好地表征两条像元光谱间的相似性，更需要能在不同的光谱类中进行较高精确的光谱识别；此模型面向高光谱遥感影像解译时，不只是能精确地识别一种地物光谱的分布范围，还要能准确对多种地物进行识别分类。这里借鉴文献(Du, 2004)提到的一些光谱相似性测度评价标准。

3.3.1 光谱判别概率

光谱判别概率(spectral discriminatory probability, SDPB)计算从一组光谱(或光谱库)中识别一种光谱(或测试光谱)的概率。用 $\{s_k\}_{k=1}^{K}$ 表示光谱库 Δ

中的 K 个光谱，而待识别的光谱标识为 t。那么光谱库 Δ 关于光谱 t 的 SDPB 可以表示为一个概率矢量，即 $p_{t,\Delta}^{m}=(p_{t,\Delta}^{m}(1),p_{t,\Delta}^{m}(2),\cdots,p_{t,\Delta}^{m}(K))^{\mathrm{T}}$，其中 $p_{t,\Delta}^{m}(k)$ 定义为

$$p_{t,\Delta}^{m}(k)=\frac{m(t,s_k)}{\sum_{k=1}^{K}m(t,s_k)} \tag{3-21}$$

式中：$k=1,2,\cdots,K$；$m(\ ,\ )$ 代表由某种光谱相似性测度计算得到的光谱判别测度值。

3.3.2　光谱判别熵

得到光谱库 Δ 关于光谱 t 的 SDPB，即 $p_{t,\Delta}^{m}=[p_{t,\Delta}^{m}(1),p_{t,\Delta}^{m}(2),\cdots,p_{t,\Delta}^{m}(K)]^{\mathrm{T}}$，需要进一步统计评估各种光谱相似性测度。这里提出光谱判别熵（spectral discriminatory entropy, SDE）的概念，其计算公式为

$$H_{RSDE}^{m}(t,\Delta)=-\sum_{k=1}^{K}p_{t,\Delta}^{m}(k)\log p_{t,\Delta}^{m}(k) \tag{3-22}$$

$H_{RSDE}^{m}(t,\Delta)$ 计算了从光谱库 Δ 中通过光谱相似性测度 $m(\ ,\ )$ 识别光谱 t 的不确定性，值越大表示识别光谱 t 的可能性越小。

3.3.3　光谱判别力

$m(\ ,\ )$ 表示一种光谱相似性测度，如 ED、SAM、SCM 或 SID；r_i 和 r_j 是一对光谱的辐射或反射特征矢量，d 是一个参考（或待识别）光谱的辐射或反射特征矢量。那么 $m(\ ,\ )$ 的光谱判别力（spectral discriminatory power, SDPW）定义为

$$SDPW^{m}(r_i,r_j,d)=\max\left\{\frac{m(r_i,d)}{m(r_j,d)},\frac{m(r_j,d)}{m(r_i,d)}\right\} \tag{3-23}$$

$SDPW^{m}(r_i,r_j,d)$ 提供了一种面向光谱相似性测度 $m(\ ,\ )$ 定量评价指标。$SDPW^{m}(r_i,r_j,d)$ 的值大于或等于 1，当光谱 $r_i=r_j$ 或这两条像元光谱不同，但与光谱 d 具有相同的相似性测度值时，$SDPW^{m}(r_i,r_j,d)$ 的值为 1。$SDPW^{m}(r_i,r_j,d)$ 的值越接近 1，表示通过光谱 r_i 和 r_j 来判别光谱 d 的能力越弱；当 $SDPW^{m}(r_i,r_j,d)$ 等于 1 时，将不能通过光谱 r_i 和 r_j 来确定光谱 d 的属性。如果 $SDPW^{SAM}(r_i,r_j,d)>SDPW^{SID}(r_i,r_j,d)$，则表示光谱相似性测度 SAM 比 SID 更能从光谱 r_i 和 r_j 中识别光谱 d。

3.4 实　验

3.4.1 基于 USGS 矿物光谱库的实验

选择美国地质调查局(USGS)矿物光谱库(Clark, 1993)中的 5 种地物光谱,即古铜辉石(Bronzite, B)、高岭石(Kaolinite, K)、紫苏辉石(Hypersthene, H)、蒙脱石(Montmorillonite, M)和坡缕石(Palygorskite, P),见图 3-1。光谱波段范围为 0.39~2.56 μm,共 420 波段;光谱分辨率为可见光处的 2 nm 逐渐增大到近红外的 32 nm。由图 3-1 可见,5 种光谱中,B 和 H 具有相似的光谱曲线形状;M 和 P 两种光谱也具有相似的光谱曲线走势;K 和 M 具有近似的光谱矢量大小。

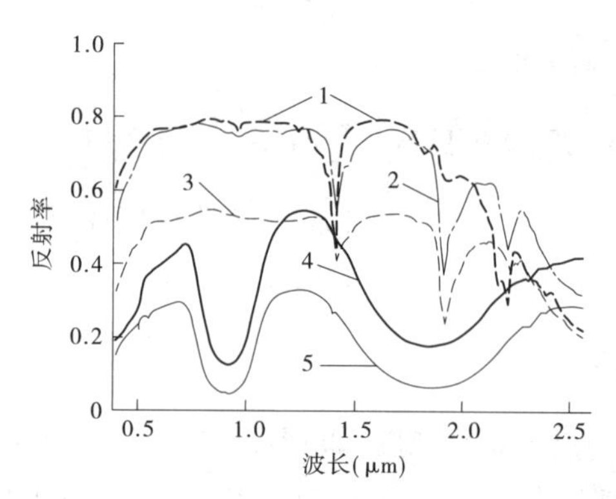

1—高岭石(K);2—蒙脱石(M);3—坡缕石(P);4—古铜辉石(B);5—紫苏辉石(H)

图 3-1　USGS 矿物光谱库中 5 种地物光谱曲线图

基于 SBD、SSD、SID 和 SPM 四种光谱相似性测度[分别见式(3-16)、式(3-17)、式(3-19)和式(3-20)]对此 5 种地物光谱进行相似性分析,结果见表 3-1,其值越小表示对应的两条地物光谱越相似。由表 3-1 可见,考虑光谱矢量大小信息的 SBD 认为 K 和 M 最为相似,B 和 H 次之;基于光谱曲线形状信息的 SSD 结果中 M 和 P 最相似,B 和 H 次之;以光谱信息量作为相似性指标的 SID 则认为 M 和 P 最为相似,K 和 M 次之。

由以上分析可知,M 和 P 具有最相似的光谱曲线形状和光谱信息量,K 和 M 具有最相似的光谱矢量大小和次相似的光谱信息量,如果综合考虑光谱矢量大小、光谱曲线形状和光谱信息量三种光谱特征,则应是 M 和 P 最相似,K 和 M 次之;这与 SPM 的相似性分析结果相同。可见,实验结果与各种相似性测度的理论分析相同,即光谱判别时 SBD、SSD 和 SID 是以光谱的矢量大小、曲线形状和信息量三种特征中的某一种为标准进行的,SPM 能综合考虑这三种光谱特征。

下面从光谱判别力方面分析各种光谱相似性测度的有效性。由图 3-1 和表 3-1 可知,K、M 和 P 三种光谱较为相似,从而以 K 为参考光谱分析各种相似性测度分辨 M 和 P 的能力。实验结果见表 3-2,值越大说明该光谱相似性测度以 K 为参考光谱、区分表 3-2 第一行中相应的其他两条地物光谱的能力越强。结果中各种相似性测度的判别力 $PW(M,P;K)$ 较小,说明 M 和 P 较为相似,不容易判别开来;各种测度中以 SPM 的 $PW(M,P;K)$ 值为大,即 6.721 9,分别是 SBD、SSD 和 SID 的 1.709 5 倍、2.051 1 倍和 4.002 倍,说明 SPM 以 K 为参考光谱、面向 M 和 P 时的光谱判别能力强。类似,对较为相似的光谱 B 和 H,SPM 在光谱判别力方面也有很大改进,其 $PW(B,H;K)$ 值分别是 SBD、SSD 和 SID 的 1.510 7 倍、1.828 1 倍和 1.299 5 倍;且整体而言,SPM 的判别力较大,表现出优越性。

表 3-1　基于 SBD、SSD、SID 和 SPM 获取的光谱相似系数值

测度	B-K	B-H	B-M	B-P	K-H	K-M	K-P	H-M	H-P	M-P
SBD	0.395 9	0.141 4	0.373 6	0.178 9	0.513 8	0.061 0	0.239 9	0.496 0	0.285 8	0.218 4
SSD	0.232 7	0.002 0	0.137 8	0.142 0	0.249 5	0.004 2	0.013 7	0.171 7	0.207 7	0.000 4
SID	0.155 5	0.035 3	0.117 4	0.117 0	0.234 6	0.009 8	0.016 5	0.196 6	0.205 2	0.001 9
SPM	0.076 9	0.005 0	0.049 4	0.027 2	0.150 8	0.000 6	0.004 0	0.113 9	0.075 7	0.000 4

表 3-2　以 K 为参考光谱,SBD、SSD、SID 和 SPM 的光谱判别力

测度	B-H	B-M	B-P	H-M	H-P	M-P
SBD	1.297 6	6.490 3	1.650 5	8.422 1	2.141 8	3.932 2
SSD	1.072 3	55.849 5	17.041 7	59.889 8	18.274 5	3.277 2
SID	1.508 5	15.830 6	9.424 6	23.880 4	14.217 0	1.679 7
SPM	1.960 3	127.862 4	19.021 9	250.649 9	37.288 8	6.721 9

光谱判别力反映的是各种相似性测度基于一种参考地物光谱区分另外两种地物光谱的能力,下面所进行的光谱判别熵分析则适用于从含有众多条光谱的地物光谱库中识别某一属性未知目标光谱的情况。首先,随机组合产生

一条混合光谱 t，即 B、K、H、M 和 P 所占比例分别为 2.92%、11.53%、8.64%、75.08%和 1.83%，见图 3-2；再以 B、K、H、M 和 P 为参考光谱库 Δ 对目标光谱 t 进行识别，各种测度的光谱判别指数和光谱判别熵见表 3-3。由表 3-3 可见，四种测度中皆是光谱判别指数 $p_{t,\Delta}(M)$ 最小，即都可以正确识别出目标光谱；而其中 SPM 的光谱判别熵最小，即 0.955 0，分别是 SBD、SSD 和 SID 的48.14%、85.89%和 80.29%，说明从光谱库 Δ 识别目标光谱 t 时，SPM 具有最小的不确定性。

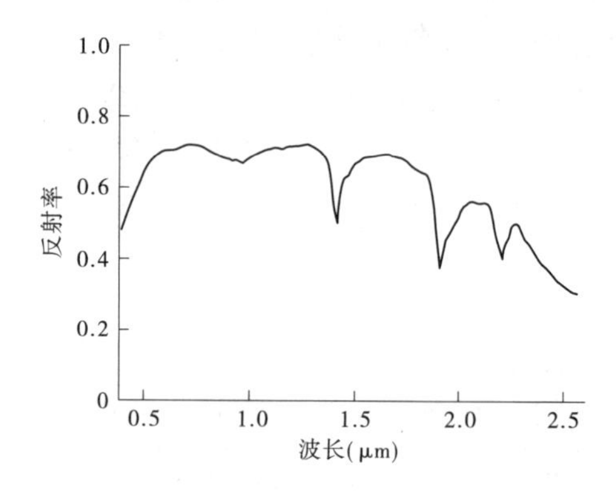

图 3-2　由 2.92%B、11.53%K、8.64%H、75.08%M 和 1.83%P 随机组合生成的混合光谱 t

表 3-3　基于光谱库 Δ 和目标光谱 t，SBD、SSD、SID 和 SPM 的光谱判别指数和光谱判别熵

测度	B	K	H	M	P	Entropy
SBD	0.298 7	0.082 5	0.412 3	0.052 7	0.153 8	1.983 8
SSD	0.439 7	0.013 3	0.543 3	0.000 0	0.003 6	1.111 9
SID	0.357 4	0.029 2	0.603 4	0.000 8	0.009 1	1.189 5
SPM	0.292 3	0.006 0	0.698 1	0.000 1	0.003 5	0.955 0

3.4.2　基于 OMIS 影像的像元光谱集实验

实验选用 OMIS 高光谱遥感影像数据，见图 3-3(a)。此影像获取于 2002 年 5 月江苏省宜兴市，大小为 512×512 像元，在波谱区间 0.46 ~ 12.5 μm 共 128 个波段，去除噪声和水汽影响较大的波段后剩余 109 个波段。根据实地调绘结果于影像中选取河流(Brook，B)、鱼塘(Pound，P)、废弃鱼塘(Disused pound，D)、小麦(Wheat，W)、草地(Grass，G)等五种地物光谱集，见图 3-3(b)。对每类地物取其像元光谱特征响应值的平均值作为该类地物的光谱辐射值,各类地物光谱曲线见图3-4。实验中需要对各种地物光谱进行归一化处理。

(a)OMIS影像

(b)5种地物分布图

图3-3　OMIS影像及5种地物分布图

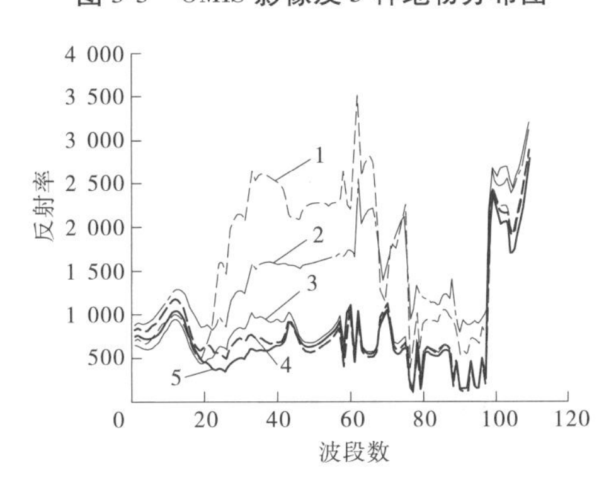

1—草地 Grass(G);2:—小麦 Wheat(W);3—废弃鱼塘 Disused pound(D);

4—鱼塘 Pound(P);5—河流 Brook(B)

图3-4　OMIS影像中的5种地物光谱曲线

本实验中用SSS(Sweet, 2003)和SID(TAN)(Du, 2004)与SPM进行对比。SSS综合考虑了光谱矢量大小和光谱曲线形状;SID(TAN)结合考虑了光谱信息量和光谱曲线形状信息。首先进行光谱判别力分析:以P为参考光谱,SSS、SID(TAN)和SPM三种测度的光谱判别力,见表3-4。可见,不论是对较难区分的两种地物光谱B和D(或W和G),还是从整体上来说,SPM都有较大的光谱判别力值,具有较强的光谱判别能力。下面从光谱判别熵方面进行考察:从鱼塘像元光谱集P中随机选取一条像元光谱作为目标光谱t,以光谱B、P、D、W和G组成参考光谱库Δ,各种光谱相似性测度的光谱判别指数和光谱判别熵见表 3-5。可见,三种光谱相似性测度的判别指数皆是 $p_{t,\Delta}(P)$ 最小,表示都能正确识别此实验像元光谱属性,即属于鱼塘;而光谱判别熵中 SPM 取得最小值,即基于参考光谱库 Δ 识别此目标光谱时,SPM 具有最小的不确定性。

表 3-4 以 P 为参考光谱,SSS、SID(TAN)和 SPM 的光谱判别力

测度	B-D	B-W	B-G	D-W	D-G	W-G
SSS	1.868 0	7.164 0	11.119 7	3.835 2	5.952 8	1.552 1
SID(TAN)	4.481 5	74.195 8	205.721 5	16.555 8	45.904 1	2.772 7
SPM	4.645 4	109.376 9	309.072 2	23.545 3	66.533 2	2.825 8

表 3-5 基于光谱库 Δ 和目标光谱 t,SSS、SID(TAN)和 SPM 的光谱判别指数和光谱判别熵

测度	B	P	D	W	G	Entropy
SSS	0.052 4	0.014 2	0.088 3	0.329 6	0.515 4	1.640 0
SID(TAN)	0.004 4	0.000 2	0.018 7	0.258 1	0.718 6	0.991 8
SPM	0.003 1	0.000 1	0.012 5	0.255 8	0.728 5	0.942 5

3.5 小 结

本章分析了光谱相似性测度的研究现状,指出不同的光谱相似测度选取的光谱特征不同,得到的光谱相似性分析结果也不尽相同;提出了一种结合欧式距离、相似系数和互信息的新型光谱相似测度,实验验证表明其具有较高的判别力和较低的判别不确定性。

第 4 章　基于同质区分析的高光谱影像端元光谱自动提取

高光谱影像端元提取是混合像元分解的关键步骤和核心难点之一。常见的自动或半自动高光谱影像端元提取方法多是把高光谱影像视为一组没有空间关系的像元光谱集,即波段数为行、像元数为列的二维数据矩阵,然后在高维光谱特征空间中进行凸几何体特性分析而提取影像端元。此类方法在端元提取过程中仅利用了像元的光谱信息,忽略了影像空间信息的挖掘和使用。

高光谱遥感影像不仅含有丰富的光谱信息,还含有与实地地物覆盖类型相对应的空间信息。本章将在端元提取过程中综合利用影像的空间信息和像元的光谱信息,以提高纯净像元的搜索效率和准确性。首先从分析像元与其邻域的光谱相似性入手,结合空间信息和光谱信息特征,给出了面向高光谱影像的同质区和过渡区界定方法;然后在影像同质区分析的基础上,获取影像候选端元;最后分别基于影像同质区的空间信息和影像端元集的光谱特征进行端元光谱优化。

4.1　影像同质区分析

从对应空间地物组成成分上,高光谱影像像元可以分为纯净像元(pure pixel)和混合像元(mixed pixel)(童庆禧, 2006; Chang, 2003; Chang, 2007),纯净像元只含有某一种地物光谱信息,而混合像元则含有两种或两种以上的地物光谱信息。从与邻域像元光谱相似性上(Zortea, 2008; 2009),高光谱影像像元可分为同质像元(homogeneous pixel)和异常像元(anomalous pixel),同质像元即与其邻域的像元在光谱特征上相似,异常像元则相反。影像空间上相邻、光谱相似的同质像元组成高光谱影像同质区(homogeneous region),处于影像同质区之间、光谱变化剧烈,即多含异常像元的区域,称为高光谱影像过渡区(transition region)。图 4-1(a)为影像对应三种地物,图 4-1(b)为由空间相邻、光谱相似的像元组成的同质区和同质区之间的过渡区(阴影区)。

由以上概念和分析可见,不同地物覆盖类型交界处对应的影像区域容易产生影像过渡区，而纯净像元在影像混合区中产生的概率较小；相应的，地物大片覆盖处对应的影像同质区更容易含有纯净像元，而这些纯净像元的光谱响应特征矢量即是高光谱影像要提取的端元光谱。

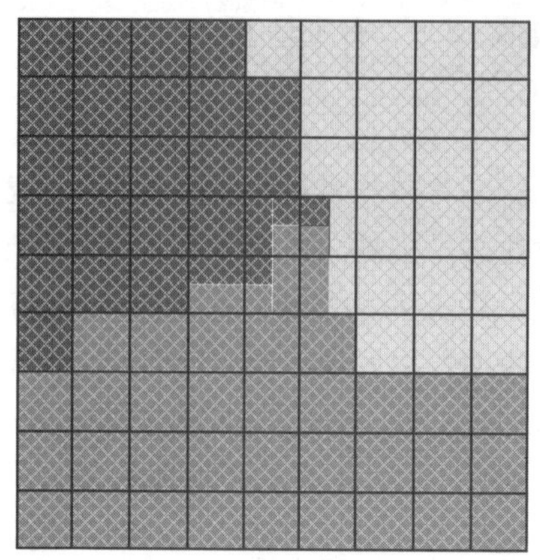

(a)影像对应的地物覆盖类型

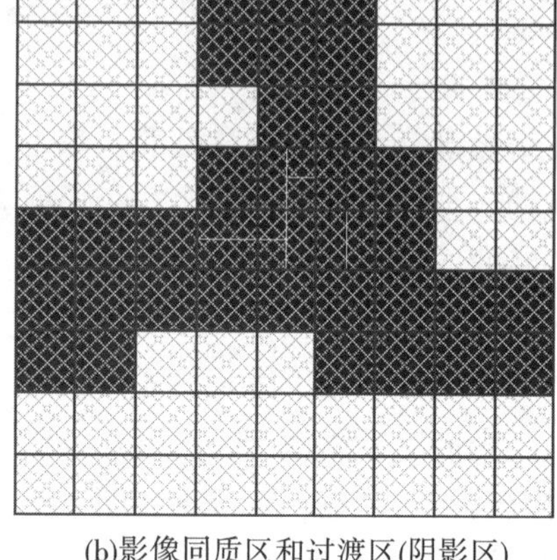

(b)影像同质区和过渡区(阴影区)

图 4-1 影像同质区和过渡区

此处进一步阐述对高光谱影像进行同质区分析的目标和意义，如第 2 章所分析，把高光谱影像分为含有尽量多的纯净像元、内部像元光谱尽可能相似的同质区和含有尽量多的混合像元。内部像元光谱差别尽可能大的过渡区有两个目的，第一在端元提取阶段，基于纯净像元多出现于光谱相似性大的同质区内的特点，其空间信息和光谱信息将被结合用于搜索影像的端元光谱；第二在端元丰度估计阶段，同质区内端元信息相似的特点用于稀疏性端元丰度估计，而过渡区的端元信息通过求取相邻同质区的端元集而获得，影像同质区、过渡区分析包含像元同质指数获取，影像同质区、过渡区获取和影像同质区分析等三个关键步骤。

4.1.1 像元同质指数

高光谱影像中像元与其邻域像元的光谱相似性程度用像元同质指数(homogeneous index，HI)来表示。假设 P 为 R 行、C 列、N 波段的高光谱影像 $I(R\times C\times N)$ 中的任一像元，即 $P(i,j)=[P_1(i,j),P_2(i,j),\cdots,P_N(i,j)]^{\mathrm{T}}$，$i$ 和 j 是影像空间的行列号；该像元与其影像空间邻域组成一个 $w\times w$ 的影像区域，w 为奇数，邻域模板半径为 $d=(w-1)/2$，那么像元 $P(i,j)$ 的同质指数为

$$HI(i,j)=\sum_{r=i-d}^{i+d}\sum_{c=j-d}^{j+d}\alpha(r-i,c-j)\times D(r-i,c-j) \tag{4-1}$$

其中$(r,c)\neq(i,j)$，且

$$D(r-i,c-j)=SSM[P(r,c),P(i,j)] \tag{4-2}$$

$SSM[P(r,c),P(i,j)]$代表邻域像元$P(r,c)$和像元$P(i,j)$的光谱相似性测度值，其有多种表达方式，如第 3 章中的光谱欧式距离(Sweet, 2000)、光谱角测度(Kruse, 1993; Sohn, 2002)、光谱相似系数(Meer, 1997)、光谱信息散度(Chang, 2000)等，本书使用具有更强光谱判别能力的光谱泛相似测度(孔祥兵, 2012)(本书涉及像元间光谱相似测度时，皆用此方法)；$\alpha(r-i,c-j)$代表邻域像元$P(r,c)$和像元$P(i,j)$之间光谱相似性测度的权重系数：

$$\alpha(r-i,c-j)=\beta\times \mathrm{e}^{-\frac{(r-i)^2+(c-j)^2}{d^2}} \tag{4-3}$$

式中：β是一个和邻域半径相关的参数，$\beta=1/[\sum\limits_{r=i-d}^{i+d}\sum\limits_{c=j-d}^{j+d}\mathrm{e}^{-\frac{(r-i)^2+(c-j)^2}{d^2}}]$。

具体而言，像元同质指数 HI 值越小，说明该像元与邻域光谱越相似(若 SSM 方法选用光谱相似系数，则 HI 值越大，该像元与邻域光谱越相似)，该像元是同质像元的概率越高；而像元同质指数求取过程中的光谱相似测度权重系数着重强调了与其影像空间距离相近的像元光谱特征，弱化了与其影像空间距离较远的像元影响；该方法在增强数学模型合理性的同时，降低了参数依赖性。

4.1.2 影像同质区和过渡区

影像中每个像元的同质指数组成一个与影像空间相同大小的同质指数图 $HIMap(R\times C)$，且可通过阈值 T 来界定像元是同质像元或是异常像元；影像空间彼此相邻的同质像元组成影像同质区，数学模型方面可选择图论中的连通分量分析或区域增长方法。

$$HI(i,j)\begin{cases}<T, P(i,j)\text{ is Homogeneous pixel}\\ \geqslant T, P(i,j)\text{ is Anomalous pixel}\end{cases} \tag{4-4}$$

$$\text{Homogeneous region}(k)=\{P(i,j)\mid HI(i,j)<T, P(i,j)\in \text{Connected component}(k), i\in[1,R], j\in[1,C]\} \tag{4-5}$$

$$\text{Transition region}(k)=\{P(i,j)\mid HI(i,j)\geqslant T, P(i,j)\in \text{Connected component}(k), i\in[1,R], j\in[1,C]\} \tag{4-6}$$

通过式(4-4)可判断像元是同质像元或是异常像元,式(4-5)和式(4-6)分别是获得影像同质区和过渡区的数学模型。所得影像同质区和过渡区分别为 H 个空间连通的同质区 $HR=\{HR_1,HR_2,\cdots,HR_H\}$ 和 S 个被同质区包围的、空间连通过渡区 $TR=\{TR_1,TR_2,\cdots,TR_S\}$。

下面给出判定同质像元和异常像元过程中所需阈值 T 的自适应获取方法。对于某一个像元,无法简单地根据其同质指数值大小来判定其是同质像元或是异常像元,而需要通过对整幅影像进行全局分析。基于像元同质指数图,由阈值 T 而划分的同质区内含有的像元同质指数尽可能的小(像元间光谱尽可能相似),而过渡区内含有的像元同质指数尽可能大(像元间光谱差异尽可能大)。这个目标与要求,与灰度影像的全局阈值分割问题本质相同。因而此处可借鉴灰度影像的阈值分割方法来求取像元同质指数阈值 T。

本书的同质指数阈值 T 将根据最大类间方差(OTSU)方法(Nobuyuki, 1979)自动获得。OTSU 是日本大津展之于 1979 年提出的方法,也是阈值自动选取中的经典方法,其基本思想是用阈值把影像像元分为两类,通过划分后得到两类的类间方差最大值来确定最佳的阈值。

基于 OTSU 的影像同质指数阈值 T 求取过程如下:

输入:影像像元同质指数图 $HIMap(R\times C)$。

(1)将 $HIMap$ 中的同质指数值线性拉伸至[0, 255],获得影像同质指数灰度图 M;若 $HIMap$ 的最大值、最小值分别为 $HI\text{Max}$ 和 $HI\text{Min}$,则有 $M(r,c)=\lambda(HI\text{Map}(r,c)-HI\text{Min})$,其中 $\lambda=255/(HI\text{Max}-HI\text{Min})$,$r$ 和 c 为影像的行、列号。

(2)对灰度图 M 进行统计,灰度级 i 出现的概率为 P_i。

(3)阈值为 t 时将影像同质指数灰度图 M 分为两类,即 $C_1=[0,t]$ 和 $C_2=[t+1,255]$。两类的概率分别为 $\sigma_1=\sum_{i=0}^{t}P_i$ 和 $\sigma_2=\sum_{i=t+1}^{255}P_i=1-\sigma_1$,两类的平均灰度值分别为 $\mu_1=\sum_{i=0}^{t}iP_i/\sigma_1=\mu_t/\sigma_1$ 和 $\mu_2=\sum_{i=t+1}^{255}iP_i/\sigma_2=(\mu-\mu_t)/\sigma_2$,其中 $\mu_t=\sum_{i=0}^{t}iP_i$,$\mu=\sum_{i=0}^{255}iP_i$。

(4)阈值为 t 时被划分的两类 C_1 和 C_2 之间的类间方差数学公式推导结果为 $\eta_t=\sigma_1(\mu_1-\mu)^2+\sigma_2(\mu_2-\mu)^2=\sigma_1\sigma_2(\mu_1-\mu_2)$。而最优的灰度图 $M(R,C)$ 分割阈值为 $t^*=\arg\{\max_t \eta_t\}$。

(5)转换为影像同质指数阈值 $T=t^*/\lambda+HI\text{Min}$,结束。

4.1.3 影像同质区分析

经过以上步骤，高光谱影像 $I(R\times C\times N)$ 被划分为 H 个空间连通的同质区 $HR=\{HR_1,HR_2,\cdots,HR_H\}$ 和 T 个被同质区包围的过渡区 $TR=\{TR_1,TR_2,\cdots,TR_T\}$；同质区内的像元与其邻域像元光谱相似，其空间和光谱信息将用于端元提取和丰度估计，而过渡区的端元信息由邻域同质区的端元光谱集组成。

为了同时满足端元提取和丰度估计两个阶段对同质区空间和光谱双重特征的要求，还需要对目前获得的同质区进一步分析。本节首先阐述进一步分析同质区的必要性，然后给出一种同质区分析的自适应方法。

基于像元同质指数分析而获得的某一个空间连通的影像同质区，内部邻域间的像元光谱相似，含有近似的端元组分；而随着连通层次的加深、空间相邻关系的递推，或会引起该影像同质区整体光谱变异变大，此时则需进一步对同质区内的像元以光谱相似性进行分类，以满足影像同质区内像元含有近似的端元组分要求。如图 4-2 (a)所示，各像元与其邻域像元光谱相似，但空间距离较远时，像元间光谱差异变大；图 4-2 (b)为影像同质区进一步分析结果。

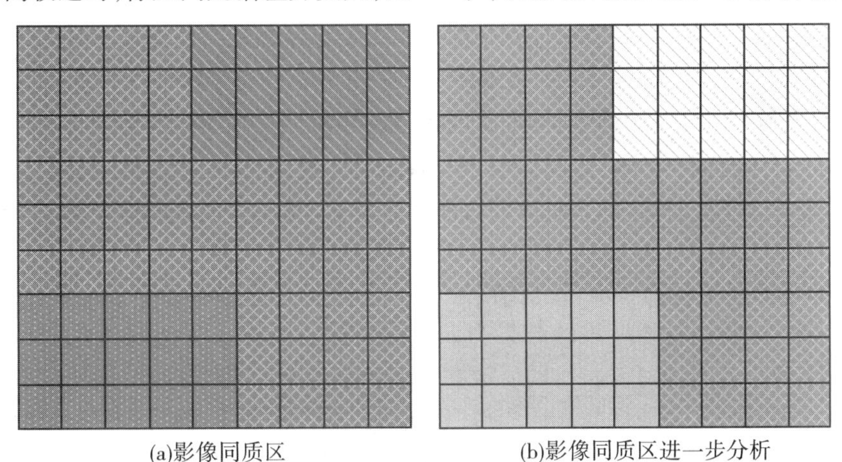

图 4-2　影像同质区分析

如上分析可见，获得影像同质区后，应根据影像同质区整体光谱的相似性情况进行判断，如果随着连通层次的加深、空间相邻关系的递推而使得影像同质区整体光谱变异较大，则需进一步对同质区内的像元以光谱相似性进行分类，即进一步聚类分析。有很多方法可以实现影像聚类分析，如 K-means、ISODATA 等，而关键是影像同质区光谱相似情况的判定和进一步聚类数目自动获取。接下来将介绍影像同质区分析方法和其过程中涉及的一些数学模型。

本书基于SVD方法对影像同质区进行光谱特征值分析以判定该同质区内像元光谱的相似情况,第一特征值所占特征值比例越高,越说明此同质区整体光谱越相似。若影像同质区k由M个N波段的像元组成,即$HR_k(N\times M)$,则有:

$$SVD(HR_k) = U \times S \times V \tag{4-7}$$

式中:U和V分别为N阶和M阶正交矩阵;S为$N\times M$特征值矩阵。

若$L=\min\{N,M\}$,则有第一特征值所占总特征值比例:

$$p = \frac{S(1,1)}{\sum_{i=1}^{L} S(i,i)} \tag{4-8}$$

对该影像同质区进行判别:如果$p \geqslant pThd$,则该影像同质区整体光谱相似,可作为最终的影像同质区进行端元提取和丰度估计;否则,对该影像同质区进行二类聚类分析并组成两个新的影像同质区,此处设$pThd$为0.9。

对一幅高光谱影像同质区进行分析的步骤如下:

输入:影像同质区$HR=\{HR_1,HR_2,\cdots,HR_H\}$,$H$为影像同质区个数。

(1)以式(4-7)和式(4-8)求取每个同质区HR_i的第一特征值含量p_i。

(2)查找具有最小第一个特征值含量的影像同质区$HR_k=\arg\{\min\limits_{i} p_i\}$,若$p_k \geqslant pThd$,则结束;否则,对同质区$HR_k$进行二类聚类分析,形成两个新的同质区$HR_k$和$HR_{H+1}$,并计算其对应的特征值含量$p_k$和$p_{H+1}$,更新影像同质区个数$H=H+1$。

(3)循环执行第2步,直至结束。

影像同质区分析所得的结果为$hr=\{hr_1,hr_2,\cdots,hr_h\}$,$h$为最终的影像同质区个数。此时的每个影像同质区在光谱特征上具有两个特点,即不仅内部的每个像元与其邻域像元光谱相似,且同质区像元光谱集在整体上仍然相似;在对应的影像端元光谱上,每个影像同质区含有其独特的端元组分,内部像元含有近似的端元组分和相应丰度;不同的影像同质区可含有不同的端元组分。这些特点将分别在端元提取阶段和端元丰度估计阶段得到有效利用。

4.2　影像候选端元光谱

本节将在影像同质区分析结果上,结合各同质区间光谱相似性情况形成同质区组,然后将影像同质区组投影到端元特征空间,最后通过空间几何学分析获得候选端元光谱。

4.2.1　影像同质区组合

一般的高光谱影像端元提取方法面对光谱差异较大的不同地物时,可以较为有效,然而当影像中的不同地物光谱较为相似时,尤其是在噪声等影响下,仅基于光谱特征分析影像端元提取方法的有效性则会受到限制。如图 4-3(a)中,A、B 和 C 三种地物光谱差异明显,其中任何一种地物光谱都可以理想地通过光谱特征分析与其他地物光谱区分开来,并得以提取;在 4-3(b)中,地物 C 和 D 的光谱相似,基于光谱特征分析影像端元提取方法难以得到理想结果。

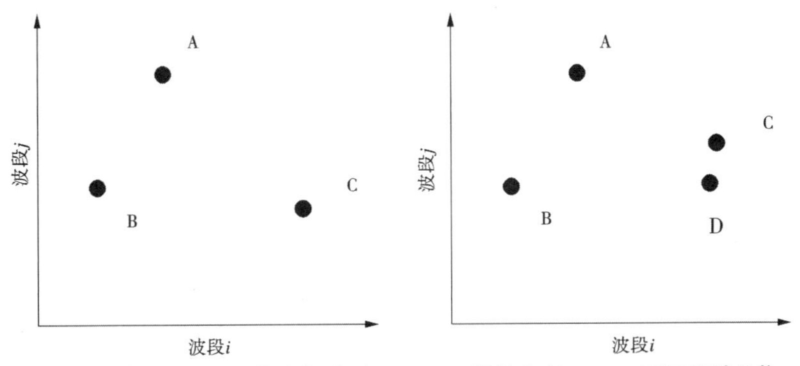

(a)影像含有A、B和C三种地物,相应的端元光谱分布于单形体的顶点处,相互间光谱差异大;其他影像光谱可视为三种地物光谱的线性组合

(b)影像含有A、B、C和D四种地物,相应的端元光谱分布于单形体的顶点处,地物C和D光谱相似

图 4-3　影像像元光谱的 2 维分布

对于以上问题,可通过引入影像的空间特征,进行新的影像空间组合得以解决,即使是光谱相似但空间独立的不同地物,可在空间信息的帮助下增强光谱差异,以降低端元光谱提取难度。如图 4-4(a)为图 4-4(b)的四种地物在影像空间的分布情况,图 4-4(b)为其像元在光谱特征空间的分布情况,图 4-4(c)为通过区域 A 和 D 组合得到的像元光谱在二维光谱空间下点图分布情况,图 4-4(d)为通过区域 B 和 C 组合得到的像元光谱在二维光谱空间下点图分布情况。可见,通过新的影像空间组合,增强了像元光谱间的光谱差异,明显有利于影像端元光谱的提取。

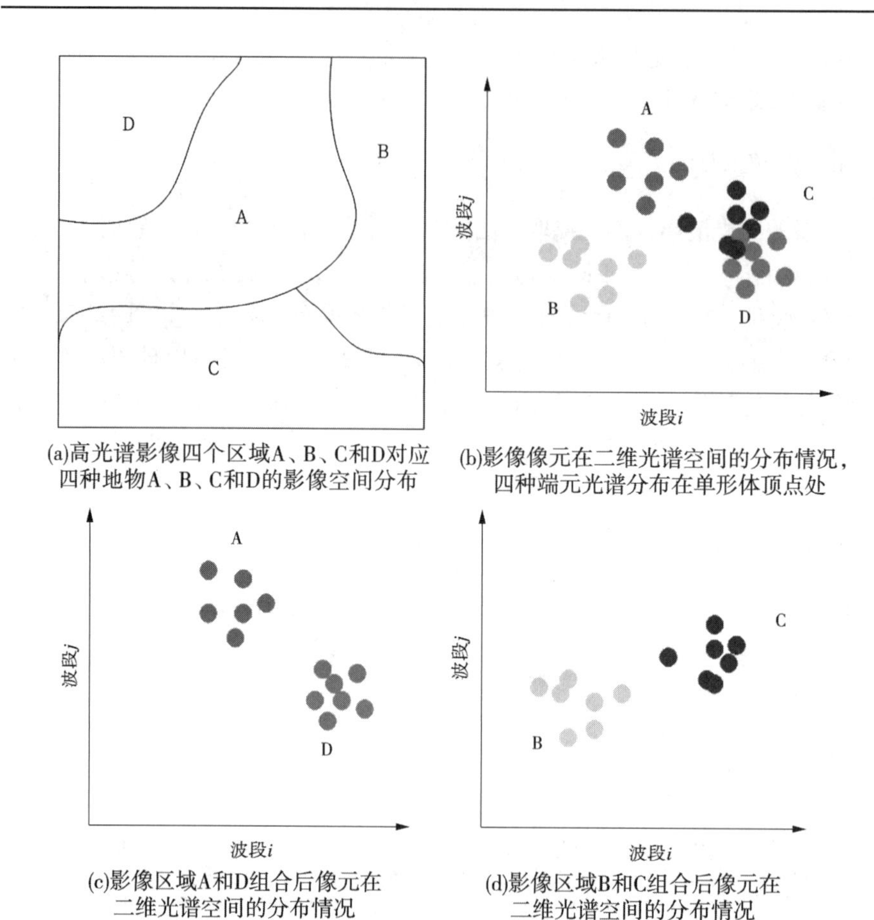

(a)高光谱影像四个区域A、B、C和D对应四种地物A、B、C和D的影像空间分布

(b)影像像元在二维光谱空间的分布情况，四种端元光谱分布在单形体顶点处

(c)影像区域A和D组合后像元在二维光谱空间的分布情况

(d)影像区域B和C组合后像元在二维光谱空间的分布情况

图 4-4　影像空间区域组合和光谱差异增强

由以上分析可以总结影像同质区组合的准则:将代表光谱相似的同质区分至不同的影像同质区组进行端元光谱提取。

下面详细介绍影像同质区 $hr=\{hr_1,hr_2,\cdots,hr_h\}$ 的组合方法。假设 s_i 为影像同质区 hr_i 均值光谱,作为该同质区的代表光谱,$i=1,2,\cdots,h$。

输入:影像同质区 $hr=\{hr_1,hr_2,\cdots,hr_h\}$,相应的影像同质区代表光谱 s_i,$i=1,2,\cdots,h$,影像同质区组数目 $c=0$。

(1)对影像同质区数目 h 进行判定。

①如果 $h>2$,基于 SPM 光谱相似性测度,计算同质区代表光谱间相似性测度值 $V_{i,j}$,$i\neq j$,$i=1,2,\cdots,h$,$j=1,2,\cdots,h$;进入第 2 步。

②如果 $0<h\leqslant 2$,剩余同质区组成新的影像同质区组,令 $c=c+1$,$hrG_c=$

$\{hr_1, hr_h\}$；结束。

③如果 $h=0$，结束。

(2)计算代表光谱间的光谱相似性测度值，$V_{i,j}=SSM(s_i, s_j)$。

(3)通过搜索最小的代表光谱间相似测度值 $V_{kl}=\arg\{\min\limits_{i,j} V_{i,j}\}$，来确定光谱最为相似的两个同质区 hr_k 和 hr_l；按同质区组合准则，此两同质区应被分至不同的影像同质区组中。

(4)搜索与影像同质区 hr_k 光谱差异最大的影像同质区。搜索最大的 $V_{k,i}$ 值，即 $V_{km}=\arg\{\max\limits_{i} V_{ki}\}$，则表示影像同质区 hr_k 和 hr_m 总体光谱差异最大。

(5)把影像同质区 hr_k 和 hr_m 组成新的同质区组，更新同质区组数目 $c=c+1$，更新影像同质区组 $hrG_c=\{hr_k, hr_m\}$，更新剩余影像同质区数目 $h=h-2$，更新影像同质区 $hr=\{hr_1, hr_2, \cdots, hr_h\}$。

(6)转向第 1 步。

通过影像同质区组合步骤，产生 c 个总体光谱差异明显的、空间独立的影像同质区组 $hrG=\{hrG_i, i=1,2,\cdots,c\}$，以影像同质区组进行光谱特征分析可以有效地解决本节开始之初提到的问题。

4.2.2　端元特征空间投影

影像候选端元光谱将通过以下步骤获得：首先将影像同质区组投影至和影像端元数目相同的光谱特征空间中，然后在光谱特征空间中进行光谱特征分析获取候选端元光谱。

SVD、PCA 和 MNF(Green, 1988)是遥感影像分析中经常用到的三种投影方法，所得的特征矢量和特征值都能较好地反映影像的光谱特征。因 PCA 方法会在影像同质区组内像元光谱高度相关时失效，MNF 需要进行噪声协方差估计等复杂步骤(Rogge, 2007)，而 SVD 则没有相关局限性，将在本书中用于影像同质区组的特征矢量获取。

如式(4-7)和式(4-8)，若影像同质区组 hrG_i 由 M 个 N 波段的像元组成，$i=1,2,\cdots,c$，则有：

$$SVD(hrG_i) = U \times S \times V \tag{4-9}$$

其中，矩阵 U 的各列是该影像同质区组的特征矢量，假设 t 为通过 VD 或 HySime 方法求取的影像端元数目，则 U 的前 t 列，即 U_t 为该影像同质区组的特征矢量集。

投影后的影像同质区组可通过下式获得：

$$P(hrG_i) = U^{T} \times hrG_i \tag{4-10}$$

4.2.3 候选端元光谱提取

影像同质区组候选端元光谱获取方法，是基于以下事实进行分析的：

（1）端元光谱位于凸面单形体端点。每个高光谱像元在高维光谱特征空间中对应某个点，高光谱影像混合像元分布在由端元光谱为顶点的单形体内部或表面，通过高光谱影像单形体顶点分析可以获得影像端元光谱。

（2）影像每个像元都是端元光谱的凸组合。如果高光谱影像含有 t 个端元，那么分布在高光谱特征空间单形体内的每个点，可视为端元光谱的一个凸组合，整幅影像构成一个关于端元光谱向量的凸集，而这个凸集可以在 t 维特征空间进行分析，因此将高光谱影像投影到 t 维特征空间进行单形体几何学分析，既可以提高分析效率，又可以降低噪声影响。

（3）影像同质区中每个像元也是端元光谱的凸组合。高光谱影像每个像元都是端元光谱的凸组合，那么作为影像局部区域的影像同质区自然也是影像端元的凸组合，在高维光谱特征空间中位于由端元光谱为顶点的单形体内部或表面；因而，若影像同质区包含纯净像元，那么可以通过 t 维特征空间几何学分析进行提取的像元光谱必然包含此端元光谱。这也意味着通过影像同质区分析获得的候选端元光谱必须进一步优化和选择以获得影像的最终端元光谱。

为了能更详细地说明同质区组候选端元的提取方法，下面给出伪代码，见图 4-5，其中假设 R 代表具有 M 个 N 波段像元的同质区组 hrG_i，t 为影像端元数目，$X_{:,i}$代表数据矩阵的第 i 列所有元素。

第 1 步为将同质区组的像元从 N 维空间中转换到和影像端元数目相同的 t 维空间，对于作为影像子集的同质区组，其含有的端元数目必定小于或等于 t，将其投影到 t 维空间既能保留必要的端元信息，又能降低运算复杂度；第 3 至第 5 步，为选择 X 中一个具有最大 2 范数值的列序号作为第一个端元光谱的索引号。第 7 步为获得垂直于现有端元所展开的子空间方向，并在第 8 步中获得 X 在这个方向的投影，投影后拥有最大 2 范数值的像元将成为下一个候选端元，即第 9、10 和 11 步，如图 4-5 所示。第 13 步通过存储的端元索引，获得影像波段 N 维空间中的端元光谱特征响应值。

光谱空间正交子空间投影分析示例如图 4-6 所示。

INPUT $t, R=[r_1, r_2, \cdots, r_M]$；$\{r_i=[r_{i1}, r_{i2}, \cdots, r_{iN}]^T\}$

1：$X=U_t^T \times R$；$\{U_t$ 为通过 SVD 方法获取的特征矢量集$\}$

2：$A=[0|0|\cdots|0]$；$\{0=[0,0,\cdots,0]^T$ and A is a $t \times t$ 全零矩阵$\}$

3：$k=\arg \operatorname{mox}_{j=1,2,\cdots,M} \| X_{:,j} \|_2$；$\{$获取 X 中具有最大 2 范数的列$\}$

4：$A_{:,1}=X_{:,k}$；

5：$ind_j=k$；$\{k$ 为第一个候选端元对应的像元索引$\}$

6：for i =2 to t *do*

7：$P_A=I-A(A^TA)^{-1}A^T$；$\{P_A$ 垂直于由 A 中各列展开的子空间$\}$

8：$Y=P_A \times X$；

9：$k=\arg \max_{j=1,2,\cdots,M} \| Y_{:,j} \|_2$；$\{$获取 Y 中具有最大 2 范数的列$\}$

10：$A_{:,i}=X_{:,k}$；

11：$ind_i=k$；$\{k$ 为第 i 个候选端元对应的像元索引$\}$

12：*end*

13：$M=U_t \times X_{:,ind}$；$\{R$ 的 $N \times t$ 维候选端元光谱集$\}$

图 4-5　影像同质区组候选端元提取算法伪代码

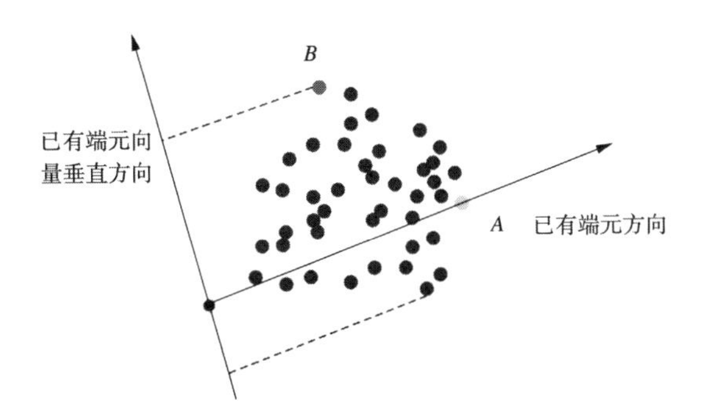

注：各点为像元集在光谱特征空间对应的点，点 A 为已经寻找到的端元，在其垂直方向上投影获得最大值的像元 B 将被选为下一个端元。

图 4-6　光谱空间正交子空间投影分析示例

4.3　影像端元光谱优化

为了能得到更为精准有效的影像端元光谱,下面依次对4.2节获得候选端元光谱进行空间信息约束下优化和光谱信息约束下优化。

4.3.1　空间信息约束下优化

因噪声或其他原因(光照或地形)影响,同一地物覆盖处对应的影像同质区内的像元光谱会有一些变化,而将影像同质区内与候选端元光谱近似的像元光谱合并而求其均值光谱,则可以一定程度上抵消相关噪声影响。这便是基于空间信息约束下的候选端元光谱优化思想。

假设像元光谱 $P=(p_1,p_2,\cdots,p_N)^{\mathrm{T}}$ 是4.2节提取出的某个候选端元光谱,N 是影像波段数,且位于由 M 个 N 波段像元 $S=\{S_1,S_2,\cdots,S_M\}$ 组成影像同质区 hr_i 空间内。下面将在该影像同质区 hr_i 空间内,寻找与此候选端元光谱相似的像元作为新的候选端元,最后求这些候选端元的平均值作为空间信息约束下优化后的候选端元。在相应的影像同质区内进行空间信息约束下,依次对其他候选端元进行优化。

图4-7(a)到图4-7(b)展示了端元光谱在相应同质区内寻找光谱相似的像元,图4-7(c)到图4-7(d)展示了相应端元光谱在空间信息约束下优化前后的变化。经过空间优化的端元光谱可以进一步抵消噪声或其他引起光谱变异(Bateson, 2000)因素的影响。

4.3.2　光谱信息约束下优化

从局部的影像同质区看,相应的候选端元光谱经过空间信息约束下优化过程之后,一定程度上减弱了噪声等对其光谱特征响应值的影响,是该影像同质区内端元光谱代表。从整幅影像空间看,影像的某种端元光谱可能分布于不同的影像同质区内,即对某种属性的地物而言,空间信息约束下优化之后的端元光谱集可能含有多条相应端元光谱。因而在获得影像最终端元光谱集前,这些相同属性的端元光谱需要基于各端元的光谱特征进行合并或优化。

端元光谱集的光谱信息约束下优化方式可分为两种,即聚类分析和光谱特征分析。

聚类分析方法如经典的K-means、ISODATA和SVM等,其中关键是聚类分析停止条件的设定。有两种方法:一是光谱间的相似性测度值设定法,当最

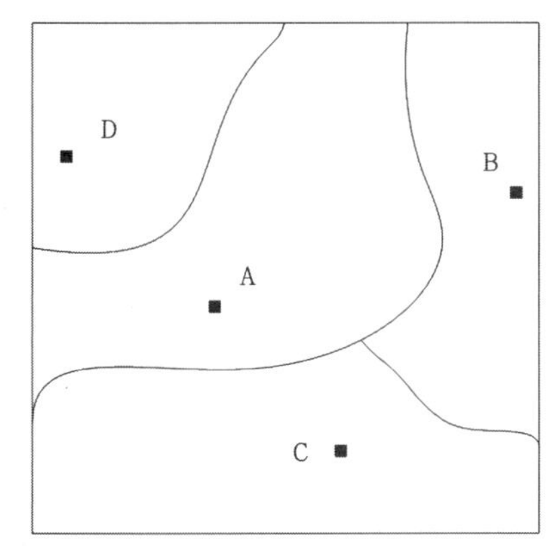

(a)候选端元在影像空间分布：影像同质区A、B、C和D内各有一个候选端元（黑色点）

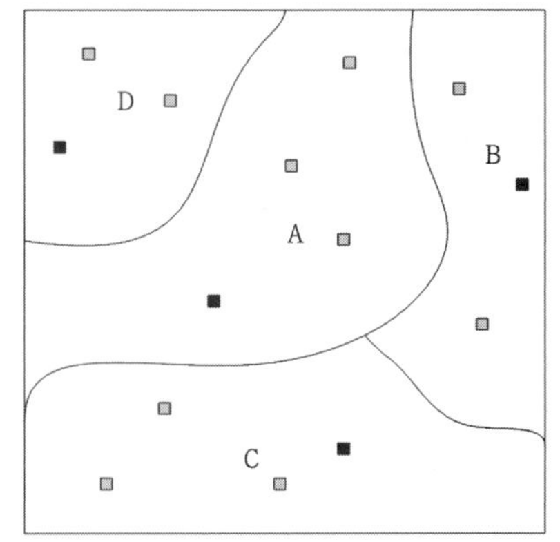

(b)扩展后端元在影像空间分布：在同质区空间约束下寻找与候选端元光谱相似的像元光谱（灰色点）

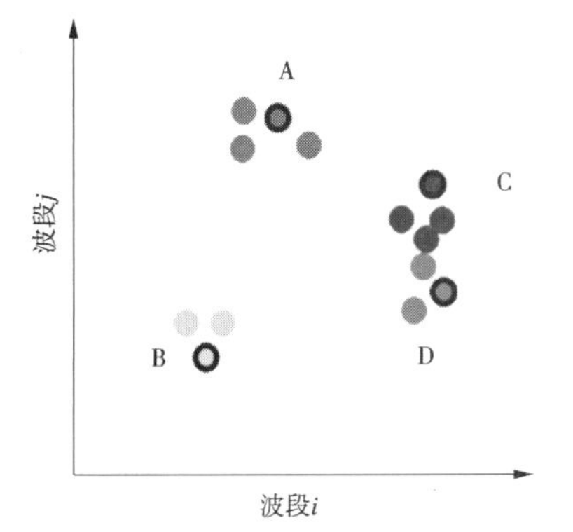

(c)端元光谱在光谱空间分布：影像同质区内的各候选端元光谱（黑边空心点）及寻找到的相似端元光谱（实心点）

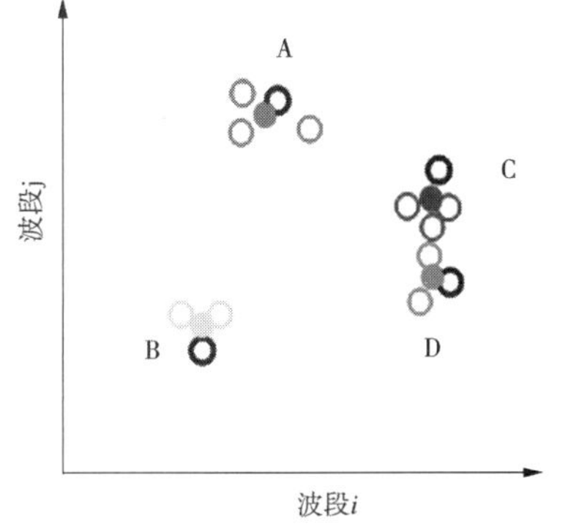

(d) 端元光谱在光谱空间分布：基于影像同质区空间约束优化后的端元光谱（实心点），其中黑边空心点为候选端元光谱，其他颜色空心点为空间优化过程中的像元光谱

图 4-7　基于空间信息约束下的影像候选端元光谱优化

为相似的两个端元间光谱相似性测度值大于或等于预先设定的阈值时，聚类分析停止（光谱相似性测度值越小，表明光谱间越为相似）；二是端元光谱数目设定法，聚类分析后端元光谱数目小于或等于预先设定的阈值时，聚类分析停止。端元光谱数目设定可通过多种方法进行，如虚拟维度思想（virtual dimensionality, VD）（Chang, 2004）、HySime 方法（Bioucas-Dias, 2008）、信号子空间估计（Nascimento, 2005; Bioucas-Dias, 2008）获得。相应的步骤如下：

(1)确定端元光谱集的聚类分析停止条件。

(2)计算端元光谱集中任意两条像元光谱间的光谱相似测度值。

(3)搜索最相似的两条端元光谱,合并为一条新的端元光谱。

(4)更新端元光谱集,并求取新的端元光谱与其他端元间的光谱相似测度值。

(5)检查是否满足聚类分析停止条件,若满足,停止聚类分析并获得新的端元光谱集;否则循环至第 3 步。

以上是基于聚类分析的端元光谱集优化方法,对于光谱特征分析方法,如正交子空间投影(orthogonal subspace projection, OSP)(Harsanyi, 1994)、最小单形体体积分析(minimum volume simplex analysis, MVSA)(Li, 2008)等。此处详细介绍基于 OSP 的端元光谱集优化方法。

OSP 方法是 Harsanyi 和 Chang 等提出的、用于实现对目标和背景分离的方法,本书用来进行端元光谱集的兴趣光谱和冗余光谱的分离。该方法的关键是第一条兴趣端元光谱的提取方法和投影矩阵的构造。假设 A 为待优化的 s 条 N 波段的端元光谱集,是一个 N 行 s 列的矩阵,其中 A_i 为 A 的第 i 列,即第 i 条端元光谱,那么第一条兴趣端元光谱为具有最大 2 范数的端元光谱,即

$$m_1 = \arg\{\max_i \| A_i \|_2\} \tag{4-11}$$

假设目前已经提取出 k 条兴趣端元光谱,可组成 N 行 k 列的矩阵 U,那么投影矩阵可以构造为

$$P_U^{\perp} = I - U(U^{\mathrm{T}}U)^{-1}U^{\mathrm{T}} \tag{4-12}$$

式中:$P_U^{\perp}$ 为 N 行 N 列的矩阵;I 为单位矩阵。

将投影变换矩阵 $P_U^{\perp}$ 作用于待优化的端元光谱集 A,则已经提取出的端元光谱信息被消除,其他端元光谱信息也受到抑制,而与 U 中各兴趣光谱最不相似的端元光谱仍保留最大光谱信息,此端元光谱即为要提取的下一个端元光谱:

$$m_{k+1} = \arg\{\max_i \| P_U^{\perp} A_i \|_2\} \tag{4-13}$$

假设 t 为通过 VD 或 HySime 方法求取的影像端元数目,那么基于 OSP 的端元光谱集优化方法步骤如下:

(1)基于式(4-11)在端元光谱集 A 中提出第一条兴趣端元光谱 m_1,并赋予 U,即令 $U=\{m_1\}$。

(2)U 为目前已经提出的 k 条兴趣端元光谱,根据式(4-12)构造投影矩阵

$P_U^{\perp}$，并根据式(4-13)提取下一条兴趣端元光谱 m_{k+1}。

(3)更新兴趣端元光谱矩阵，将兴趣光谱 m_{k+1} 加入 U，即令 $U=\{m_1,\cdots,m_k,m_{k+1}\}$。

(4)判断是否到停止投影分析条件，如果 $k+1=t$，则结束，$\{m_1,m_2,\cdots,m_t\}$ 为影像的最终端元光谱集；如果 $k+1<t$，则转向第(2)步。

4.4　HREE 方法分析

基于以上影像端元光谱提取步骤，图 4-8 给出了本书提出的结合空间和光谱信息的高光谱影像端元自动提取方法(homogeneous region based endmember extraction, HREE)流程。

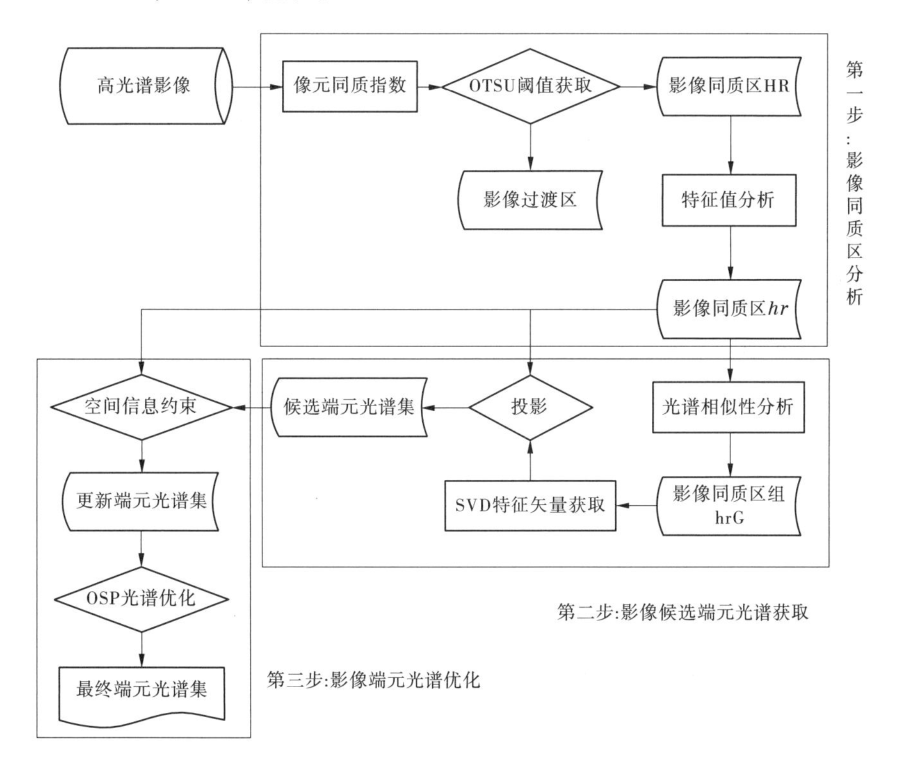

图 4-8　基于同质区分析的高光谱影像端元自动提取方法流程

HREE 方法共含有三个大的步骤，即影像同质区分析、影像候选端元光谱获取和影像端元光谱优化，如图 4-8 所示，该方法的输入为高光谱影像数据，不需要数据降维或降噪等预处理过程。

HREE 中的像元同质指数获取方法在判断像元与其邻域像元光谱相似性情况过程中，对与之影像空间距离较近的像元赋予了较大的权重，对影像空间距离较远的像元赋予了较小的权重。如此计算像元同质指数时有两个好处：对于较大的窗口参数，由于较远的像元具有较小的权重，从而避免了因窗口参数设置过大而引起的像元同质指数计算结果有较大变化；对于较小的窗口参数，虽然未考虑窗口外围的像元光谱信息，而因空间相邻的像元光谱信息更为重要，所以也不会对该像元的同质指数情况有太大影响；总之从一定程度上降低了对窗口参数依赖性和敏感性。

HREE 中影像候选端元光谱提取阶段基于影像同质区组合进行，即光谱相似的同质区被分至不同的影像同质区组，进行候选端元提取的影像同质区组是光谱差异较大的两个影像同质区，如此将有利于光谱相似、但空间分离的不同地物端元光谱提取。

HREE 中端元光谱优化阶段的空间信息约束下优化方法，对每个候选端元光谱在相应的影像同质区对应的影像空间范围内部，寻找与其光谱相似的像元光谱，扩展为新的候选端元，求其均值作为更新后的端元光谱，如此可以在一定程度上抵消因噪声等外部因素造成的端元光谱特征响应值变异，即该方法具有一定的抗噪性。

以上分析可以视为 HREE 方法的优点所在，然而也有其局限性。首先，如其他基于影像光谱特征分析的端元提取方法一样，端元提取的准确性和有效性与影像本身情况息息相关，具体来说就是如果影像中有大量的纯净像元存在，则此方法有效；如果影像中未含有纯净像元，则其将成为“无源之水、无米之炊”了。其次，HREE 是基于影像同质区进行的端元提取，着重挖掘了存在于影像同质区内的纯净像元，而抑制了过渡区内虽然量少但并非完全不可能存在的纯净像元，因而本方法面对小目标探测等问题时会有一定的局限性。

4.5 实　验

4.5.1 端元光谱提取方法的有效性评价标准

分三种情况分析并评价各种端元提取方法的有效性：

(1)已知影像端元光谱和影像端元丰度情况。

可从两个方面对该方法有效性进行评价：一是其所提取端元光谱和真实

端元光谱的相似性情况，两者越相似，则该方法越有效；二是根据所提取端元光谱进行端元丰度反演，所得丰度和真实端元丰度越相似，则该方法越有效。

(2)已知影像端元光谱、未知影像端元丰度情况。

从光谱相似性方面评价该方法有效性，即其所提取端元光谱和真实端元光谱越相似，则该方法越有效。

(3)未知影像端元光谱、未知影像端元丰度情况。

首先基于提取的端元光谱进行端元丰度反演，然后对影像进行重构，分析重构影像和原始影像的相似性情况，两者越相似，则该方法越有效。

下面给出端元光谱间相似性分析方法、端元丰度间相似性分析方法和影像间相似性分析方法。

(1)端元光谱间相似性定量分析。选取的光谱特征不同，得到的光谱相似性情况也不尽相同(见本书第2章)，因而本书将基于不同的光谱相似性测度来评价各种方法所提取端元光谱和真实端元光谱的相似性情况，即分别以基于特征融合的SPM[式(3-20)]、基于光谱向量夹角的SAM[式(3-2)]、基于光谱特征空间欧式距离的ED[见式(3-1)]、基于光谱向量间皮尔森相关系数的SCM[见文献(OA, 2002)]和基光谱数据间互信息的SID[见式(3-6)]等方法进行定量化分析，其中SCM值做以下变换：$SCM=(1-SCM)/2$，以使得这5种端元光谱相似性测度有共同点，即值越小，说明光谱间越相似。

(2)端元丰度间相似性定量分析。基于提取的影像端元，结合全约束性分解方法(fully constrained least square unmixing algorithm, FCLS)(Heinz, 2001)求取各影像端元对应的丰度值，然后求取与真实的端元丰度之间的平均均方根误差(root mean square error, RMSE)值以定量分析端元丰度之间的相似性。

假设R和C分别为影像空间的行和列，p为端元数目，$S=\{S_1,S_2,\cdots,S_p\}$为真实的端元丰度，$E=\{E_1,E_2,\cdots,E_p\}$为通过FCLS计算出的端元丰度，其中S_i和E_i分别为端元i对应的真实丰度和估计丰度，且与影像空间具有相同的行和列，$S_i=\{s_{irc},r\in[1,R],c\in[1,C]\}$，$E_i=\{e_{irc},r\in[1,R],c\in[1,C]\}$，则对于端元$i$的丰度$RMSE$值为

$$RMSE(E_i,S_i)=\left[\frac{1}{R\times C}\sum_{r=1}^{R}\sum_{c=1}^{C}(e_{irc}-s_{irc})^2\right]^{\frac{1}{2}} \tag{4-14}$$

由式(4-14)可以给出影像端元的$RMSE$公式：

$$RMSE=\frac{1}{p}\sum_{i=1}^{p}RMSE(E_i,S_i) \tag{4-15}$$

(3)影像间相似性定量分析。根据重构的高光谱影像和原始的高光谱影像之间的平均均方根误差(root mean square error, RMSE)值定量分析两者相似性。

假设 $A=[a_1,a_2,\cdots,a_p]\in\Re^{l\times p}$ 为待评价方法所提取的 p 个 l 波段端元光谱,$E\in\Re^{p\times n}$ 为通过 FCLS 计算出的端元丰度,$n=R\times C$ 为像元总数目,那么可以通过式(4-16)重构高光谱影像:

$$X = AE \tag{4-16}$$

其中,$X\in\Re^{l\times n}$;假若 $M=[m_1,m_2,\cdots,m_n]\in\Re^{l\times n}$ 是原始高光谱影像,含有 n 个 l 波段像元,那么重构影像 X 和原始影像 M 之间的 $RMSE$ 为

$$RMSE = \frac{1}{p}\sum_{i=1}^{p}\left[\frac{1}{n}\sum_{j=1}^{n}(x_{ij}-m_{ij})^2\right]^{\frac{1}{2}} \tag{4-17}$$

4.5.2　基于仿真高光谱影像的实验结果和分析

基于从美国地质调查局(USGS)矿物光谱库(Clark, 1993)中选取的五种地物光谱合成一幅具有 420 个波段的 180×180 像元的高光谱影像,相应的五种地物光谱见图 4-9。影像合成分以下几个步骤:首先,确定纯净区及相应地物光谱,即把影像空间以 20 行 20 列大小分为 9×9 个单位,其中 1、3、5、7、9 单位行与 1、3、5、7、9 单位列交叉单位为纯净区,即有 5×5 个纯净单位;把选出的五种地物光谱随机赋予每单位行的 5 个纯净单位。其次,生成混合区及相应地物光谱,介于纯净区中间的单位按八邻域方法寻找纯净区并由相邻的纯净区内地物光谱作为该单位的地物光谱,各种地物光谱在该单位所占比例相同。然后,进一步混合处理,对影像中的每一个像元,基于一个大小为 15×15 的模板,获取对应影像空间像元的平均光谱作为该像元光谱,而使得影像纯净区变小,混合区地物分布情况更复杂;图 4-10 为掩膜处理前后各端元丰度在影像空间的分布情况。最后,加入噪声,以信噪比 SNR 为 100 dB 的噪声加入上一步生成的高光谱影像中(Nascimento, 2005),公式如下:

$$SNR \equiv 10\lg\frac{E[x^{\mathrm{T}}x]}{E[n^{\mathrm{T}}n]} \tag{4-18}$$

基于此合成高光谱数据,依次进行以下实验:

(1)像元同质指数中窗口参数对 HREE 端元提取结果的影响;

(2)不同 SNR 情况下,HREE 和其他端元提取方法的有效性对比;

(3)不同掩膜模板情况下,HREE 和其他端元提取方法的有效性对比。

实验 1:像元同质指数中窗口参数对 HREE 结果的影响。

在像元同质指数求取过程中,分别将窗口参数 w 设为 3、5、7、9,根据

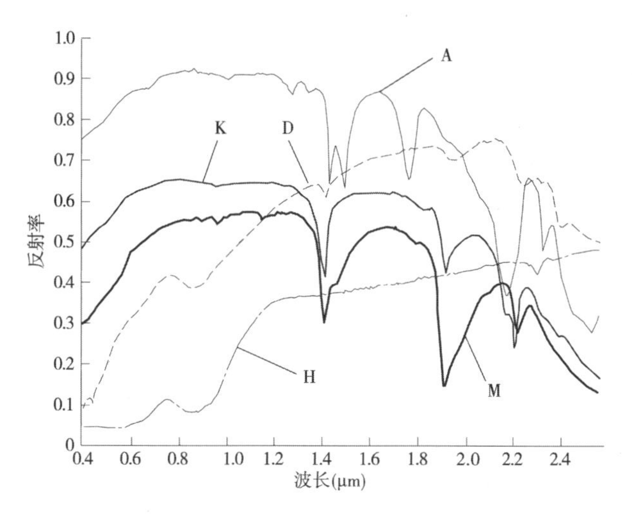

A—明矾石(Alunite);D—钙铁榴石(Andradite);H—赤血石(Hematite);
K—高岭石(Kaolinite);M—蒙脱石(Montmorillonite)

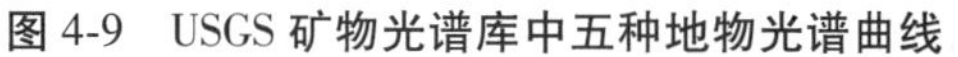

图 4-9　USGS 矿物光谱库中五种地物光谱曲线

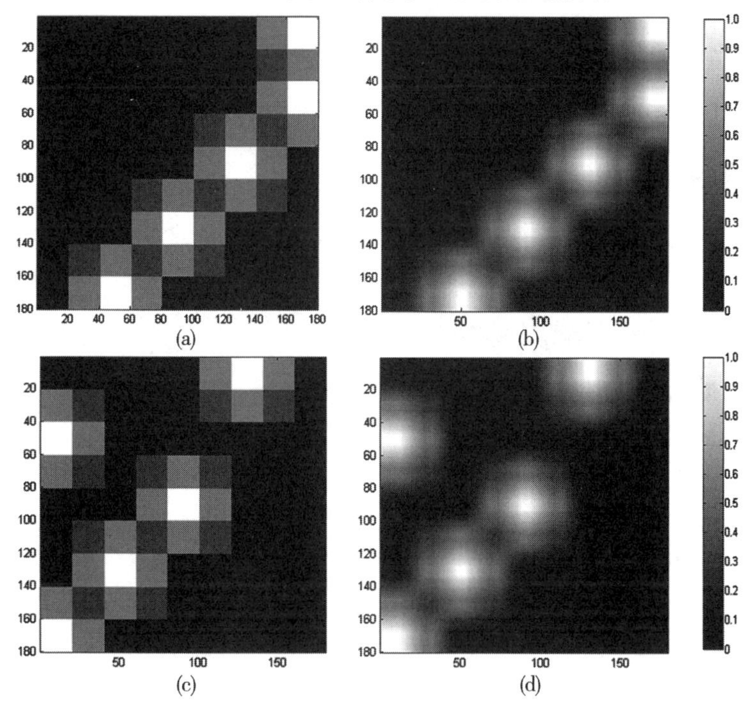

图 4-10　掩膜处理前后各端元丰度在影像空间的分布情况

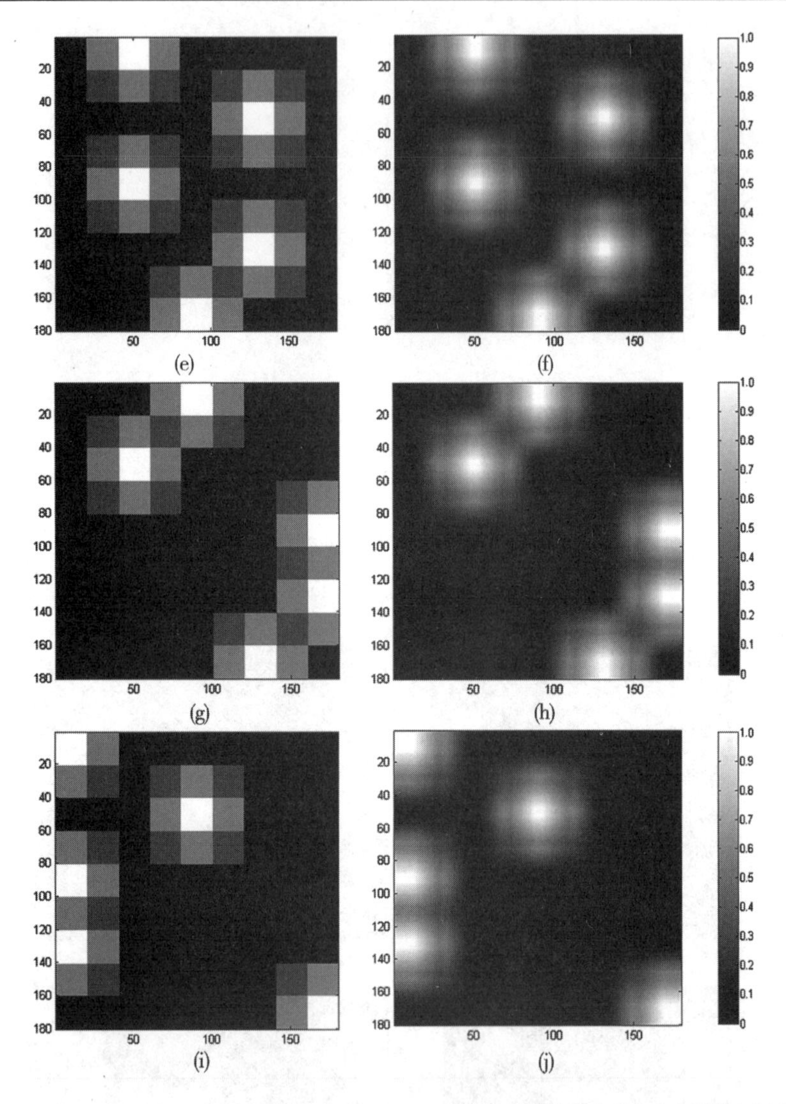

注：(a)、(c)、(e)、(g)和(i)分别为图 4-9 中 A、D、H、K 和 M 等五种地物光谱丰度在影像空间的分布情况，其中白色表示丰度为 1，浅灰色表示丰度为 0.5，深灰色表示丰度为 0.25，黑色表示丰度为 0；(b)、(d)、(f)、(h)和(j)为 A、D、H、K 和 M 等五种地物光谱丰度在掩膜处理后在影像空间的分布情况。

续图 4-10

式(4-1)可获得拟合影像的同质指数图，如图 4-10 所示；相应的同质区分析结果如图 4-12 所示；不同 HI 窗口参数 w 时，基于 HREE 方法提取的端元光谱和相应的丰度估计值定量分析结果如表 4-1 所示。

由图 4-11 可以看到，随着 HI 窗口参数的增大，整体来看，最大同质指数值先变大后变小,即由窗口为 3 时的 2.9E-4,逐渐升为 9.8E-4、2.2E-3 和 4.0E-3;从细节上看,如图中方框内的浅色区域在增大,说明该处的同质指数值在随着窗口变大而增大;由第二节同质指数获取方法可知,同质指数值变大,意味着该处的像元和其邻域像元光谱相似性在降低。这点很容易理解,若窗口值变大,对同一个像元而言,其同质指数求解过程中考虑的邻域半径变大、领域像元数变多, 在该像元与增多的像元光谱分析时,相似性一般会降低,因而各总体同质指数值也会变大;尤其是位于过渡区或同质区边缘的像元,随着窗口参数增大,其同质指数值会有明显增大。

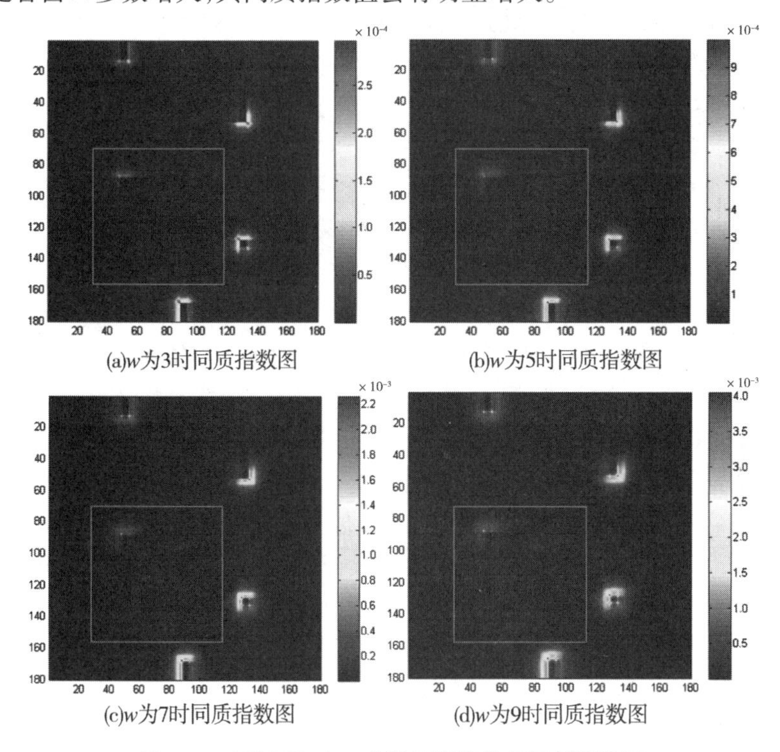

(a)w为3时同质指数图　(b)w为5时同质指数图

(c)w为7时同质指数图　(d)w为9时同质指数图

图 4-11　不同 HI 窗口参数下影像像元同质指数图

随着 HI 窗口参数增大,位于同质区空间内部的像元,其同质指数变化不大;位于同质区边缘和过渡区的像元的同质指数值会有明显提高。相应的在同质区分析时,基于类间方差最大思想的 OTSU 获取的判别参数将会向较大的 HI 值偏移,即使划分为过渡区的像元数降低,但同质区像元数增多,在同质区分析结果中,同质区类数也会增多,这个分析在图 4-12 中得到验证。随着 HI 窗口参数增大,同质区分析结果中的类数由 20 逐渐上升到 28 左右。

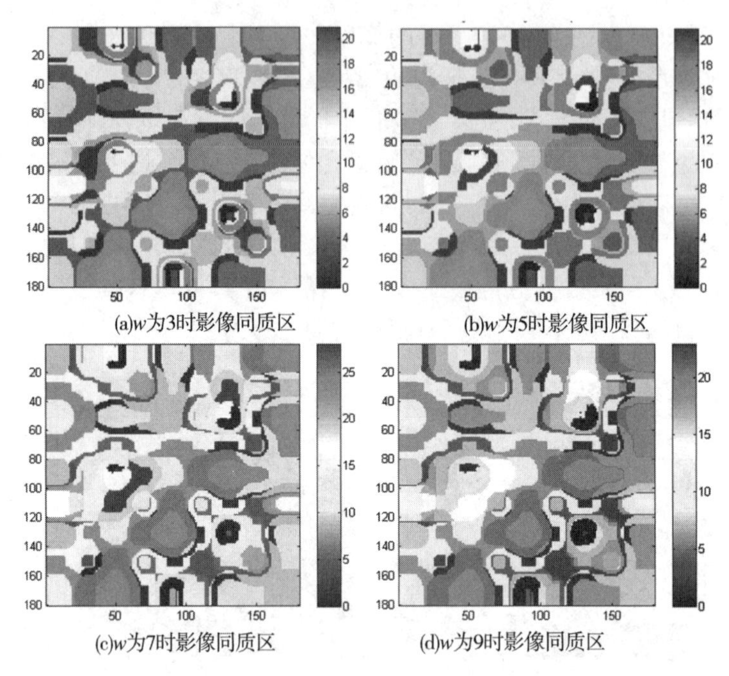

图 4-12　不同 HI 窗口参数下影像同质区分析结果

由表 4-1 可以看到,就提取的端元光谱与真实的端元光谱的相似性上而言,在 HI 窗口参数为 5 时最优(SPM、SAD、ED、SCM 和 SID 此时值最小),即提取端元光谱和真实端元光谱相似性最好;而对于基于 FCLS 计算出的丰度 RMSE 值,在窗口参数为 7 时最优(RMSE 值越小,说明端元丰度评估结果越好)。分析可知,对于 HREE 端元提取结果而言,并不是 HI 的窗口越大越好,太大了如为 9,会有较多混合严重的像元划分为同质区内,不利于纯净像元的搜索和端元光谱提取;太小了如为 3,同质指数获取中像元只是考虑到与其直接相邻的像元,邻域面积小,空间特征的权重便较小,也不利于端元光谱的有效提取。以下实验中,HI 窗口参数取值为 5。

表 4-1　不同 HI 窗口大小时 HREE 端元提取结果的定量化分析

HI	端元光谱					丰度
w	SPM	SAD	ED	SCM	SID	RMSE
3	3.528 3E−06	2.091 1E−03	6.189 6E−01	1.422 4E−04	2.909 6E−05	8.883 1E−02
5	9.239 8E−10	6.145 6E−05	4.059 0E−01	1.104 6E−07	1.451 5E−08	8.876 3E−02
7	6.802 1E−05	1.191 3E−02	4.441 8E−01	6.407 3E−03	8.973 4E−04	1.055 0E−01
9	9.072 9E−06	4.272 8E−03	4.445 2E−01	6.592 6E−04	1.195 7E−04	9.325 0E−02

从另一个角度看,当同质指数中窗口参数变大时,无论同质指数图、同质区分析结果图,总体空间形状没有太大变化;HREE端元提取结果定量分析也都有较好的表现。以上也说明,本书提出的拥有自适应权重系数的窗口参数公式,具有较强的适应性,在一定程度上降低了分析过程和计算结果对参数的依赖性。

实验2:不同掩膜模板情况下,各种端元提取方法的有效性对比。

为了验证HREE方法在不同像元不同混合情况下的有效性,特进行此实验。在拟合影像生成过程中改变掩膜模板的尺寸,以改变影像中存在的纯净像元含量,即当模板尺寸变大时,影像中各种地物对应的混合像元增多,纯净像元减少,混合情况更为复杂。在拟合数据生成时,掩膜模板尺寸分别设置为15、19、23、27和31;信噪比*SNR*设为80,其他参数不变。

为了对比HREE端元提取的有效性,将在同一条件下,与SSEE方法(Rogge, 2007)、PPI方法(Boardman, 1995)、N-FINDR方法(Winter, 1999)和VCA方法(Nascimento, 2005)的实验结果进行对比分析。其中,SSEE与HREE在端元提取中都用到了影像空间信息;PPI是最经典的端元提取方法;N-FINDR是基于PPI发展的高效率方法;VCA是最近几年新提出的基于单形体投影分析端元提取方法。

各种方法的参数设置如下:SSEE的子影像大小设置为60×60,特征值阈值为0.9;PPI和N-FINDR循环次数都为200,VCA等几种方法的端元数目参数都赋予真实的端元数目。本书实验中出现基于以上方法实验时,没有进一步说明情况的,各参数皆按与此相同方式进行设置。

基于各种方法所提取的端元光谱与真实端元光谱进行光谱相似性分析,所得SPM平均值、SAD平均值、ED平均值、SCM平均值和SID平均值分别见表4-2~表4-6;基于所提取端元光谱,进行FCLS分解,所得各端元丰度的RMSE值,见表4-7;各表中都是部分掩膜尺寸窗口下的定量分析结果值,更为详细的信息以可视化的方式表达出来,分别对应图4-13(a)~图4-13(f)。

表 4-2　不同掩膜模板尺寸时各种方法的 SPM 值

尺寸	15	19	23	27	31
HREE	5.910 7E−05	1.199 2E−05	6.972 5E−05	4.299 9E−04	4.122 2E−03
SSEE	1.237 6E−01	3.791 0E−04	2.205 8E−02	3.493 9E−02	6.061 6E−02
PPI	2.132 4E−01	7.773 9E−02	1.978 8E−01	2.354 7E−01	2.351 9E−01
N−FINDR	2.047 6E−06	1.934 5E−06	6.938 9E−05	2.145 3E−03	9.633 6E−04
VCA	1.310 3E−07	1.232 7E−07	6.778 8E−05	4.266 6E−04	1.259 7E−03

表 4-3　不同掩膜模板尺寸时各种方法的 SAD 值

尺寸	15	19	23	27	31
HREE	1.182 8E−02	7.319 5E−03	1.880 2E−02	2.975 9E−02	6.179 0E−02
SSEE	1.463 1E−01	1.915 7E−02	1.039 6E−01	1.540 8E−01	2.263 3E−01
PPI	2.469 3E−01	2.411 5E−01	1.927 1E−01	2.836 2E−01	2.835 9E−01
N−FINDR	4.056 9E−03	3.819 8E−03	1.655 0E−02	4.573 1E−02	3.857 4E−02
VCA	6.841 9E−04	7.673 8E−04	1.442 5E−02	2.739 7E−02	3.380 1E−02

表 4-4　不同掩膜模板尺寸时各种方法的 ED 值

尺寸	15	19	23	27	31
HREE	4.029 1E−01	3.281 0E−01	4.757 1E−01	6.074 5E−01	1.380 6E+00
SSEE	2.671 8E+00	1.980 8E+00	1.940 9E+00	2.372 2E+00	2.671 0E+00
PPI	5.866 1E+00	3.968 2E+00	5.146 6E+00	6.892 0E+00	6.891 5E+00
N−FINDR	1.216 1E+00	1.214 9E+00	1.085 1E+00	6.678 0E−01	7.432 4E−01
VCA	3.698 4E+00	3.223 1E+00	2.919 9E+00	2.900 6E+00	2.795 1E+00

表 4-5　不同掩膜模板尺寸时各种方法的 SCM 值

尺寸	15	19	23	27	31
HREE	6.054 5E−03	1.125 1E−05	1.031 2E−03	7.662 8E−04	2.128 0E−03
SSEE	1.389 1E−01	1.194 9E−02	1.138 7E−01	1.148 0E−01	2.165 5E−01
PPI	2.499 6E−01	2.123 8E−01	1.883 7E−01	3.181 1E−01	3.180 4E−01
N−FINDR	8.687 3E−05	7.706 4E−05	1.666 9E−04	6.146 7E−04	1.019 9E−03
VCA	2.496 9E−06	2.387 0E−06	1.050 5E−04	4.707 6E−04	8.396 7E−04

表 4-6　不同掩膜模板尺寸时各种方法的 SID 值

尺寸	15	19	23	27	31
HREE	8.490 0E−04	1.096 9E−03	3.465 0E−03	1.071 2E−02	3.770 7E−02
SSEE	1.678 4E−01	1.539 9E−03	5.428 7E−02	9.721 1E−02	1.378 4E−01
PPI	2.187 8E−01	2.052 3E−01	1.788 8E−01	2.336 4E−01	2.336 0E−01
N−FINDR	4.147 6E−05	3.472 3E−05	3.363 4E−03	2.581 6E−02	1.751 6E−02
VCA	9.188 4E−07	1.237 9E−06	3.335 0E−03	1.061 9E−02	1.579 9E−02

表 4-7　不同掩膜模板尺寸时各种方法的 RMSE 值

尺寸	15	19	23	27	31
HREE	1.064 5E−01	8.660 5E−02	8.498 1E−02	7.132 3E−02	8.959 6E−02
SSEE	2.145 6E−01	1.908 5E−01	1.920 8E−01	2.785 4E−01	2.706 6E−01
PPI	3.629 6E−01	3.412 0E−01	3.651 3E−01	4.157 8E−01	3.967 2E−01
N−FINDR	1.123 9E−01	1.080 2E−01	1.021 3E−01	9.070 3E−02	8.046 2E−02
VCA	2.852 3E−01	2.412 0E−01	1.951 7E−01	2.003 7E−01	1.723 5E−01

分析 1:HREE 方法有效性受掩膜尺寸影响情况——所提取端元光谱和真实端元光谱相似性分析。由表 4-2～表 4-7 中的 HREE 行和图 4-13 中的 HREE 折线走势可见,随着掩膜尺寸的增大,该方法所提取端元光谱和真实端元光谱的各种相似性测度值多有所上升,由掩膜为 15 到掩膜为 31,其 SPM 值由 5.910 7E−05 上升为 4.122 2E−03(见表 4-2)、SAD 值由 1.182 8E−02 上升到 6.179 0E−02(见表 4-3)、ED 值由 4.029 1E−01 上升到 1.380 6E+00(见表 4-4)、SID 值由 8.490 0E−04 上升到 3.770 7E−02(见表 4-6);这种变化表示随着掩膜尺寸增大,HREE 方法所提取端元光谱和真实端元光谱相似性逐渐变小,所提取端元光谱准确性受到一定影响。

分析 2:其他四种方法有效性受掩膜尺寸影响情况——所提取端元光谱和真实端元光谱相似性分析。在受掩膜尺寸变大影响上,其他四种方法有不一样的表现。其中,N−FINDR 和 VCA 方法与 HREE 相似,随着掩膜尺寸变

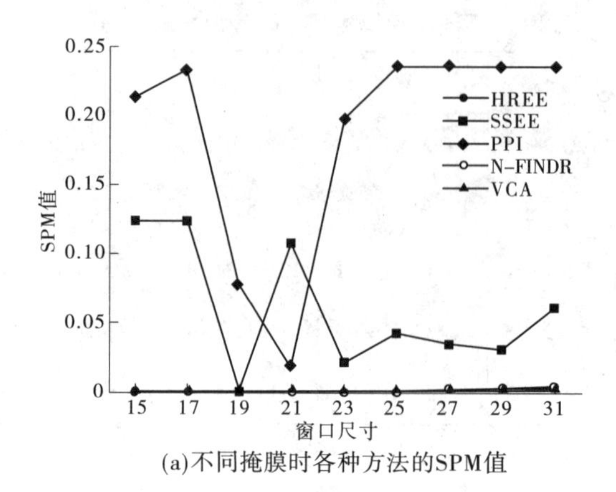

(a)不同掩膜时各种方法的SPM值

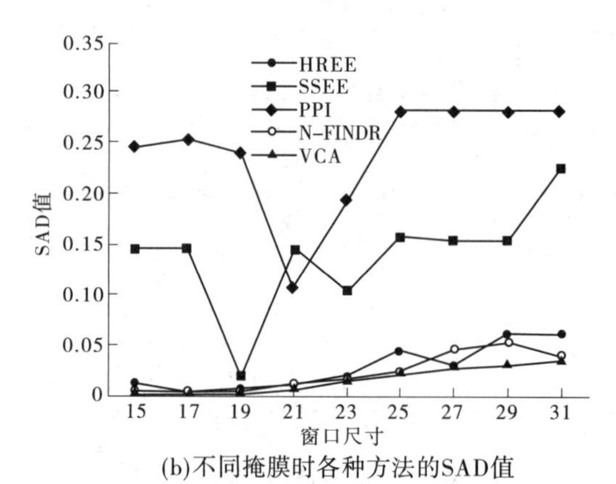

(b)不同掩膜时各种方法的SAD值

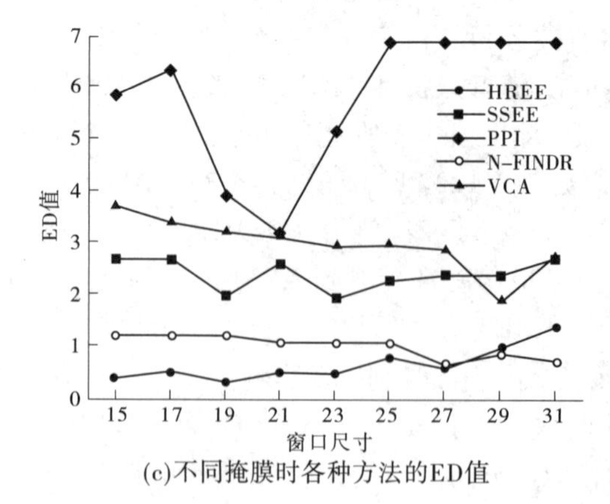

(c)不同掩膜时各种方法的ED值

图 4-13　不同掩膜情况下各种端元提取方法实验结果的定量分析

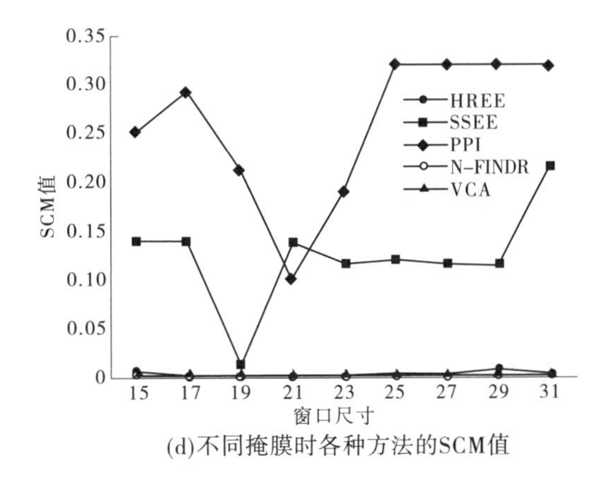

(d)不同掩膜时各种方法的SCM值

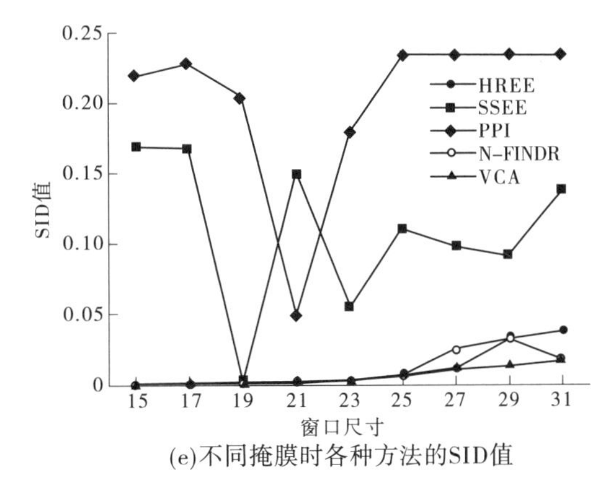

(e)不同掩膜时各种方法的SID值

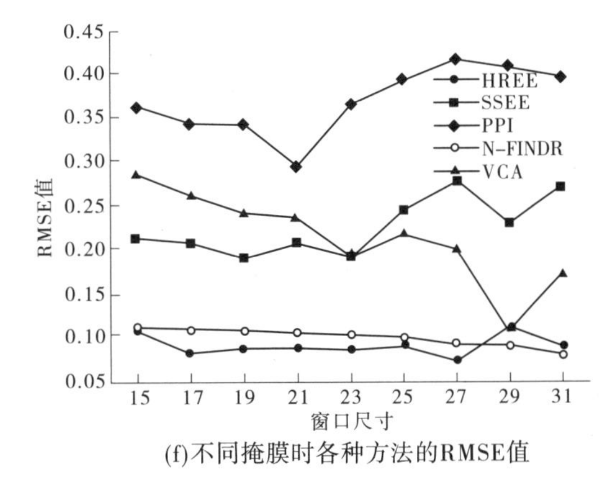

(f)不同掩膜时各种方法的RMSE值

续图 4-13

大,其所提取端元光谱和真实端元光谱的各种相似性测度上多有所变大,表示这两种方法的有效性受影像像元混合情况影响,且表现出与 HREE 相似的有效性。SSEE 和 PPI 方法,在掩膜尺寸由 15 到 21 变化过程中,所对应的总体光谱相似性测度值变小;在掩膜尺寸由 21 到 31 变化过程中,所对应的总体光谱相似性测度值变大;且在两个阶段都变化剧烈,显示这两种方法提取端元的有效性受影像像元混合情况影响严重。对 SSEE 和 PPI 两种方法的有效性进一步分析,在掩膜尺寸前区间即 15 到 21,影像中存在的纯净像元个数逐渐降低直至没有,由其变化规律可见,其较大精度值在纯净像元最少时出现,说明纯净像元个数增多时并未能增加被正确识别的概率。在掩膜尺寸后区间,即 21 到 31,影像混合像元由轻度混合到深度混合,与其他三种方法相似,所提取端元光谱的有效性降低。

分析 3:各种方法间有效性对比——在不同掩膜尺寸时所提取端元光谱和真实端元光谱相似性分析。对比表 4-2~表 4-7 和图 4-13,在同一掩膜尺寸下,分析各种方法所提取端元和真实端元的相似性测度值,HREE 和 VCA、N-FINDR 三种方法表现优异且相似,都有较小 SPM、SAD、SCM 值和 SID 值,即所提取端元和真实端元具有较为近似的波形及信息含量等信息。然而,HREE 方法所提取端元和真实端元在 ED 值上更小,说明与 N-FINDR、VCA 比较,其所提取端元和真实端元在高维欧式距离上更为相似,这点是端元提取过程中结合影像空间信息而在一定程度上抵消噪声影响的结果。相对其他三种方法,SSEE 方法和 PPI 方法对应的各种定量分析值一般较大,说明其所提取端元光谱准确性较差;而这两种方法比较,SSEE 方法处于优势地位,与 HREE 方法相似,这归于其在端元提取阶段结合了影像空间信息。总结来看,PPI 和 SSEE 方法表现较差,HREE、N-FINDR 和 VCA 三种方法表现较好,其中 HREE 所提取端元光谱更为准确。

分析 4:各种方法有效性对比——不同掩膜尺寸时反演的端元丰度和真实端元丰度之间的相似情况分析。基于各种方法所提端元进行全约束分解(FCLS)获得端元丰度,以及仿真影像真实端元丰度定量分析所得 RMES 值,见表 4-7 和图 4-13(f)。分析各种方法的 RMSE 的变化规律可见:

(1)各种方法在掩膜尺寸区间[15,20],随掩膜尺寸变大而 RMSE 值降低;逆向分析,即此区间内随着掩膜尺寸由 20 逐渐变小、纯净像元个数增多,各种方法结果上分解得到的端元丰度 RMES 值反而升高,即准确性降低,这是一个值得深思的问题(本书第 6 章给出详细分析,即以影像全部端元分解每一个像元获得端元丰度的做法是不太合理的)。

(2)各种方法在掩膜尺寸区间[21,31],随着掩膜尺寸增大,各种方法有不尽相同的表现,皆有升有降,并没有因所提取端元光谱的准确性逐渐降低而使得分解后的丰度准确性逐渐降低。可见,分解后的端元丰度不会因为端元的准确性降低而随之降低,会有一定的波动。分析各种方法在同一掩膜尺寸下的丰度 RMSE 值可见,整体上 HREE 和 N-FINDR 方法多有最小值,即分解所得丰度准确性较高;PPI 和 SSEE 多有较大的 RMSE 值,所得丰度准确性较低;VCA 在掩膜尺寸两个区间,前高后低。从端元丰度准确性上看,PPI 和 SSEE 较差,VCA 方法居中,N-FNDR 和 HREE 方法较好。

分析可见,各种端元方法所提取端元的准确性对比结果,和基于各种方法所提端元而分解得到的丰度准确性对比结果有相同的地方,即 HREE 和 N-FINDR 有较好表现,PPI 和 SSEE 较差;不同的是,VCA 方法在端元提取有效性分析上一直表现较好,但在分解丰度准确性上表现并不稳定。因而得出,基于端元丰度的 RMSE 方法评价各种方法所提取端元有效性,有一定借鉴意义,但并非有必然的对应结果。

总结来看, HREE 和 N-FINDR、VCA 三种方法在不同的掩膜尺寸下所提取端元准确性较好,有效性受影像纯净像元的存在数目、混合程度变化影响较低,尤其 HREE 表现稳定;SSEE 和 PPI 方法总体有效性相对偏差,所提端元准确性受影像纯净像元的存在数目、混合程度影响较大。

实验 3:不同噪声水平情况下,各种端元提取方法有效性实验。

为验证 HREE 方法在不同噪声水平情况下的有效性,在拟合数据生成过程中的加噪阶段将 SNR 分别设为 10 dB、15 dB、20 dB、25 dB、30 dB、40 dB、50 dB、60 dB、80 dB、100 dB、150 dB;且在同一条件下,分别基于 SSEE、PPI、N-FINDR 和 VCA 方法进行影像端元光谱提取。

将各种方法提取的端元光谱和仿真影像真实的端元光谱分别进行 SPM、SAD、ED、SCM 和 SID 等光谱相似性分析,相关结果见表 4-8~表 4-12;并基于各种方法提取的端元,进行全约束分解,所得端元丰度和仿真影像真实端元丰度之间的 RMSE 值见表 4-13;各表对应的可视化结果见图 4-14。

表 4-8　不同 SNR 时各种方法实验结果的 SPM 值

SNR(dB)	HREE	SSEE	PPI	N-FINDR	VCA
10	2.451 0E-02	8.770 6E-01	7.169 4E-01	3.039 6E+00	1.179 2E-03
15	2.332 2E-02	1.341 4E-01	1.007 9E+00	5.864 8E-01	5.463 4E-02
20	2.463 3E-04	9.884 1E-02	1.988 6E-01	9.523 7E-02	1.871 3E-01

续表 4-8

SNR(dB)	HREE	SSEE	PPI	N-FINDR	VCA
25	1.762 2E-04	8.695 1E-03	6.281 2E-02	5.886 3E-03	3.410 5E-04
30	5.701 2E-07	2.290 1E-02	7.972 1E-02	2.296 8E-04	6.039 7E-04
40	1.839 9E-05	2.216 2E-02	7.897 0E-02	1.975 2E-05	1.214 5E-06
50	5.919 7E-05	3.798 0E-04	7.855 9E-02	1.981 5E-06	2.201 7E-07
60	1.869 2E-05	3.761 3E-04	7.872 9E-02	1.829 2E-07	1.671 9E-08
80	9.246 2E-10	3.757 9E-04	7.864 0E-02	1.855 7E-09	1.926 6E-10
100	9.239 1E-10	2.194 9E-02	2.329 5E-01	1.789 7E-11	1.353 8E-12
150	9.239 1E-10	3.757 5E-04	2.131 1E-01	2.080 6E-16	1.441 6E-17

表 4-9 不同 SNR 时各种方法实验结果的 SAD 值

SNR(dB)	HREE	SSEE	PPI	N-FINDR	VCA
10	1.661 8E-01	2.771 8E-01	2.875 5E-01	3.344 6E-01	7.342 4E-02
15	1.684 2E-01	1.908 4E-01	3.357 8E-01	2.015 6E-01	1.579 2E-01
20	3.648 3E-02	1.042 4E-01	2.391 6E-01	1.160 5E-01	4.818 1E-02
25	2.849 9E-02	5.927 5E-02	2.003 9E-01	6.768 1E-02	2.557 6E-02
30	3.851 1E-03	1.162 6E-01	2.592 1E-01	3.860 5E-02	2.767 7E-02
40	7.643 9E-03	9.875 9E-02	2.545 7E-01	1.218 5E-02	2.106 9E-03
50	1.183 3E-02	1.937 8E-02	2.502 9E-01	4.018 2E-03	8.306 1E-04
60	7.302 0E-03	1.680 8E-02	2.492 3E-01	1.251 3E-03	2.772 6E-04
80	6.757 9E-05	1.576 6E-02	2.487 4E-01	1.195 9E-04	2.636 7E-05
100	6.122 6E-05	8.787 3E-02	2.522 6E-01	1.246 4E-05	2.259 5E-06
150	6.098 0E-05	1.570 9E-02	2.451 6E-01	3.375 5E-08	3.398 9E-08

表 4-10 不同 SNR 时各种方法实验结果的 ED 值

SNR(dB)	HREE	SSEE	PPI	N-FINDR	VCA
10	2.089 3E+00	4.197 4E+00	4.300 6E+00	3.649 5E+00	1.665 6E+00
15	2.036 7E+00	3.318 8E+00	6.605 1E+00	2.635 3E+00	9.596 7E-01
20	3.963 6E-01	1.829 6E+00	5.025 1E+00	1.862 4E+00	1.588 6E+00
25	3.770 0E-01	5.711 9E-01	2.889 6E+00	1.654 4E+00	1.297 6E+00
30	3.207 7E-02	1.274 2E+00	4.034 3E+00	1.448 4E+00	1.039 8E+00
40	3.527 3E-01	2.034 6E+00	4.414 8E+00	1.271 7E+00	3.369 9E+00
50	4.029 0E-01	1.980 3E+00	4.399 6E+00	1.216 3E+00	3.827 2E+00

续表 4-10

SNR(dB)	HREE	SSEE	PPI	N-FINDR	VCA
60	3.728 6E-01	1.966 6E+00	4.394 8E+00	1.197 9E+00	3.666 6E+00
80	4.059 3E-01	1.960 9E+00	4.393 3E+00	1.190 4E+00	3.824 3E+00
100	4.059 0E-01	1.969 2E+00	6.338 1E+00	1.189 7E+00	3.200 6E+00
150	4.058 9E-01	1.960 3E+00	5.859 2E+00	1.189 6E+00	3.824 3E+00

表 4-11　不同 SNR 时各种方法实验结果的 SCM 值

SNR(dB)	HREE	SSEE	PPI	N-FINDR	VCA
10	9.654 8E-02	1.669 5E-01	1.716 9E-01	1.880 0E-01	2.293 6E-02
15	1.219 4E-01	8.904 4E-02	3.220 5E-01	1.084 3E-01	1.068 3E-01
20	1.382 9E-03	4.029 6E-02	2.035 5E-01	4.869 1E-02	1.888 4E-02
25	6.176 4E-04	1.179 0E-02	1.397 3E-01	2.062 7E-02	7.823 2E-03
30	2.074 0E-05	1.166 5E-01	2.201 7E-01	7.490 1E-03	6.708 0E-03
40	2.084 0E-04	1.144 6E-01	2.167 9E-01	7.880 2E-04	2.031 7E-05
50	6.064 2E-03	1.196 6E-02	2.159 2E-01	8.297 0E-05	3.211 4E-06
60	2.078 9E-04	1.188 3E-02	2.160 4E-01	7.982 3E-06	3.697 5E-07
80	1.107 0E-07	1.187 7E-02	2.160 5E-01	7.563 9E-08	3.787 1E-09
100	1.104 4E-07	1.136 9E-01	2.913 5E-01	7.921 2E-10	1.712 6E-11
150	1.104 5E-07	1.187 6E-02	2.497 2E-01	8.437 7E-15	1.665 3E-16

表 4-12　不同 SNR 时各种方法实验结果的 SID 值

SNR(dB)	HREE	SSEE	PPI	N-FINDR	VCA
10	1.030 1E-01	4.431 4E+00	3.456 3E+00	1.486 7E+01	1.453 7E-02
15	9.879 3E-02	6.796 9E-01	2.257 3E+00	5.362 0E+00	1.625 4E-01
20	7.957 9E-03	2.190 4E+00	1.918 4E-01	2.069 1E+00	5.180 8E-01
25	5.747 4E-03	3.176 6E-01	1.684 8E-01	1.978 0E-01	2.138 4E-03
30	1.612 5E-04	5.524 0E-02	2.090 6E-01	3.801 0E-03	2.873 8E-03
40	3.563 5E-04	5.150 9E-02	2.084 9E-01	3.252 6E-04	7.645 4E-06
50	8.503 5E-04	1.548 1E-03	2.075 9E-01	3.917 1E-05	1.823 3E-06
60	3.598 2E-04	1.505 0E-03	2.077 0E-01	3.639 4E-06	1.620 8E-07
80	1.506 5E-08	1.500 7E-03	2.076 6E-01	3.142 3E-08	1.375 2E-09
100	1.451 1E-08	5.091 9E-02	2.274 3E-01	4.060 6E-10	1.245 8E-11
150	1.451 1E-08	1.500 6E-03	2.186 7E-01	3.087 0E-15	1.047 1E-16

表 4-13　不同 SNR 时各种方法实验结果的 RMSE 值

SNR(dB)	HREE	SSEE	PPI	N-FINDR	VCA
10	2.082 9E-01	2.531 5E-01	2.582 7E-01	1.885 9E-01	1.473 7E-01
15	1.778 5E-01	2.681 3E-01	3.440 7E-01	1.623 1E-01	1.588 9E-01
20	1.006 5E-01	1.841 0E-01	2.704 8E-01	1.372 8E-01	1.322 3E-01
25	1.002 5E-01	1.038 2E-01	2.082 9E-01	1.230 7E-01	1.181 7E-01
30	9.491 6E-02	1.981 1E-01	3.306 4E-01	1.153 1E-01	1.061 3E-01
40	9.604 4E-02	2.008 6E-01	3.021 0E-01	1.125 2E-01	2.597 5E-01
50	1.063 4E-01	1.737 3E-01	3.365 8E-01	1.123 2E-01	2.866 3E-01
60	9.559 1E-02	2.002 0E-01	3.547 3E-01	1.122 7E-01	2.834 4E-01
80	8.876 3E-02	1.910 3E-01	3.483 6E-01	1.122 3E-01	2.866 7E-01
100	8.876 3E-02	2.047 2E-01	3.381 2E-01	1.122 3E-01	2.290 8E-01
150	8.876 3E-02	2.182 9E-01	3.706 4E-01	1.122 3E-01	2.866 7E-01

分析 1:各种方法有效性受 SNR 的影响。由表 4-8~表 4-12、图 4-14 中的(a)~(e)可见,随着 SNR 的增大,HREE、SSEE、PPI、N-FINDR 和 VCA 等五种方法,所提取端元与真实端元间的大多光谱相似测度值整体上都在降低,即表示随着仿真影像中噪声的降低,各种方法所提取端元的准确性也在升高。其中 HREE 方法变化最小,N-FINDR 变化最为剧烈,例如当 SNR 由 10 dB 变化至 30 dB、150 dB 时,其 SPM 值由 3.039 6E+00 降低至 2.296 8E-04 和 2.080 6E-16,变化量约是 HREE 方法的 124 倍、SSEE 方法的 3.46 倍、PPI 方法的6.03倍、VCA 方法的 16.24 倍,也说明 N-FNINDR 的有效性受噪声影响最严重。

有此可以得出,N-FINDR 所提取端元的准确性受噪声影响最严重,HREE 方法受噪声影像最小。

分析 2:方法之间的有效对比。横向对比各种方法在同一 SNR 值时的表现,即在某一 SNR 值时各种方法所提取端元和仿真影像真实端元光谱的各种相似性测度分析结果,由图 4-14(a)~(e)可见,HREE 多处于最小值处;SNR 大于 30 dB 后,N-FINDR 表现和 HREE 方法相似;由 VCA 方法的 ED 值分析可见,其所提取端元光谱和真实端元光谱之间在空间距离特征上表现不稳定,在端元提取准确性上略低于 SSEE 方法;PPI 方法表现最不稳定,在不同的 SNR 值上,相对来说其所提取的端元准确性最低。以上分析可以得出,在大部分噪声情况下,HREE 所提取的端元准确度最高,N-FINDR 在 SNR 大于 30 dB 时可以提取准确度较高的端元光谱,VCA 和 SSEE 方法所提取的端元光谱在相似性分析方面不稳定,PPI 方法的有效性最差。该结论在各种方法的 RMSE 值分析时也得到一定程度的支持,即 HREE 方法表现稳定,且总有最好的丰度反演结果,N-FINDR 方法其次,SSEE 和 VCA 方法居中,PPI 方法提取端元所反演的丰度准确性最差。

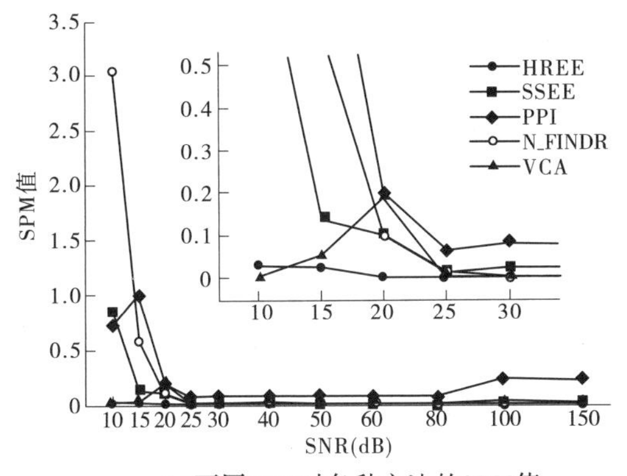

(a)不同SNR时各种方法的SPM值

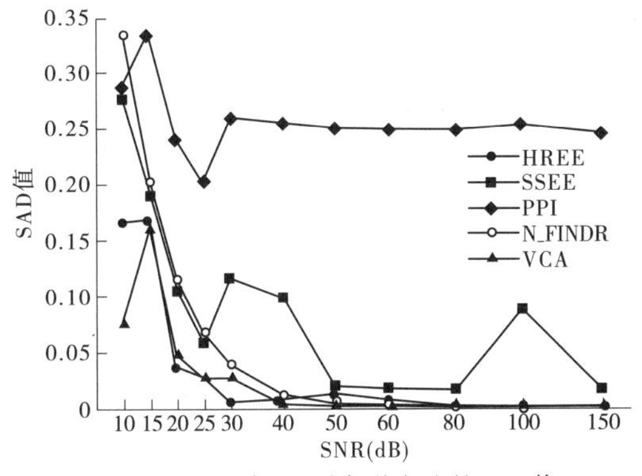

(b)不同SNR时各种方法的SAD值

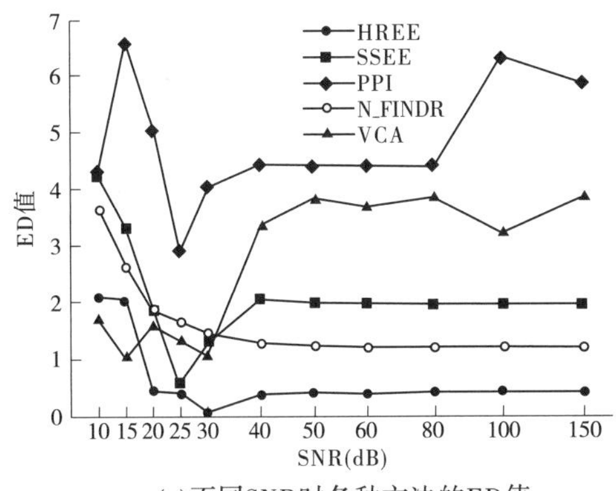

(c)不同SNR时各种方法的ED值

图4-14　不同SNR时各种端元提取方法实验结果的定量分析

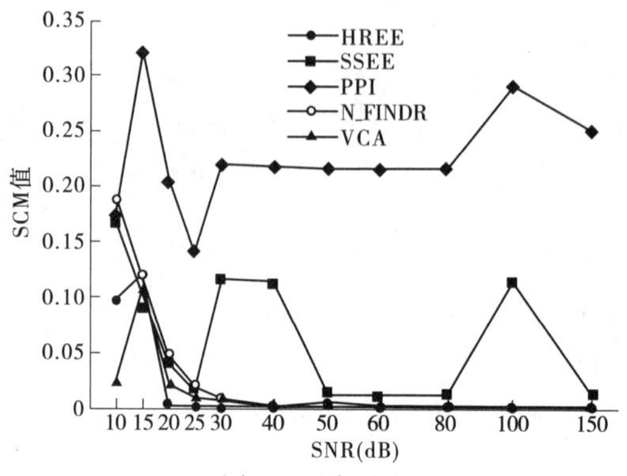

(d)不同SNR时各种方法的SCM值

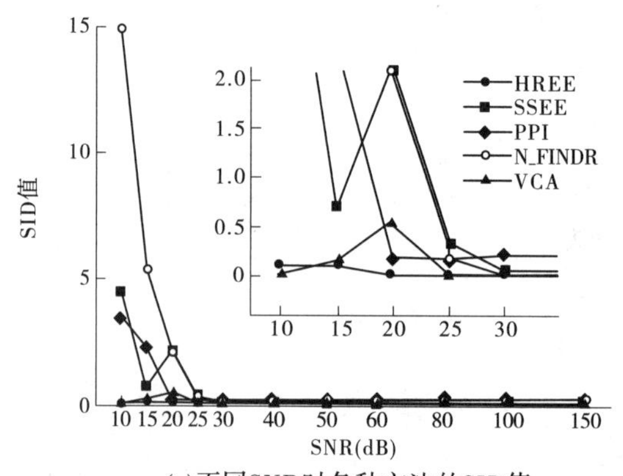

(e)不同SNR时各种方法的SID值

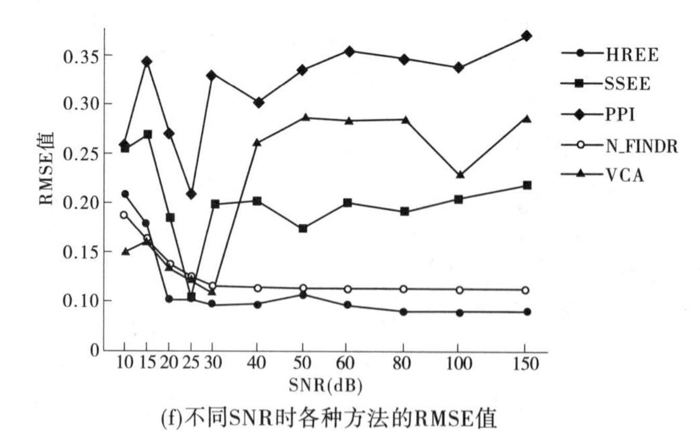

(f)不同SNR时各种方法的RMSE值

续图 4-14

总结来看,在各种 SNR 情况下,HREE 方法所提取的端元光谱准确性最高,且其有效性受噪声变化影响最小;N-FINDR 有效性受噪声影响最大,当 SNR 大于 30 dB 时,N-FINDR 方法也有较高的端元提取准确性;在不同的 SNR 情况下所提取端元和真实端元光谱相似性分析时表现不稳定;相对来说,PPI 方法在各方面表现最差。

4.5.3　基于真实高光谱影像的实验结果和分析

选取的真实影像数据是于 1997 年 6 月 19 日基于 AVIRIS 传感器获得的高光谱影像,对应地点是美国内华达(Nevada)州西部、拉斯维加斯西北大概 200 km 的 Cuprite 矿物地区。该地区矿物露头良好且组合多样,从 20 世纪 70 年代起,就成为美国遥感地质研究的重要实验基地。Cuprite 地区对应的地质调查详细情况见图 4-15。这幅影像已经被大量地用于高光谱端元提取和混合像元分解研究(Rogge, 2007; Nascimento, 2005; Qian, 2011)。

本实验选取的 Cuprite 影像大小为 250×190,光谱范围为 0.369～2.480 μm,共 224 个波段。其平均光谱分辨率为 10 nm,空间分辨率大约为 20 m,对应区域为图 4-15 中框线所示位置。为了能将提取出的端元光谱和 USGS 光谱库相匹配,对其进行反射率转换,并去除其中因水汽吸收和传感器噪声等的影响的低信噪比波段(1-2,104-113,148-167,221-224)后得到 188 个波段。相应 Cuprite 影像如图 4-16 所示。

基于 VD 方法(Chang, 2004)对 Cuprite 高光谱影像的端元数目进行评估,当其参数 P_F 设置区间为10^{-6}～10^{-4}时,影像端元数目固定在 14,这也和基于此影像进行科学实验的相关文献吻合。

为了定量分析影像端元提取结果,将基于 USGS 光谱库对所提取的相应端元光谱进行识别匹配。HREE 方法所提取的端元光谱见图 4-17,基于所提取端元通过全约束性分解 FCLS 获得的相应丰度见图 4-18。HREE、SSEE、PPI、N-FINDR 和 VCA 等方法获取的端元光谱和相应的 USGS 中地物光谱间的光谱泛相似测度值(SPM)见表 4-14。

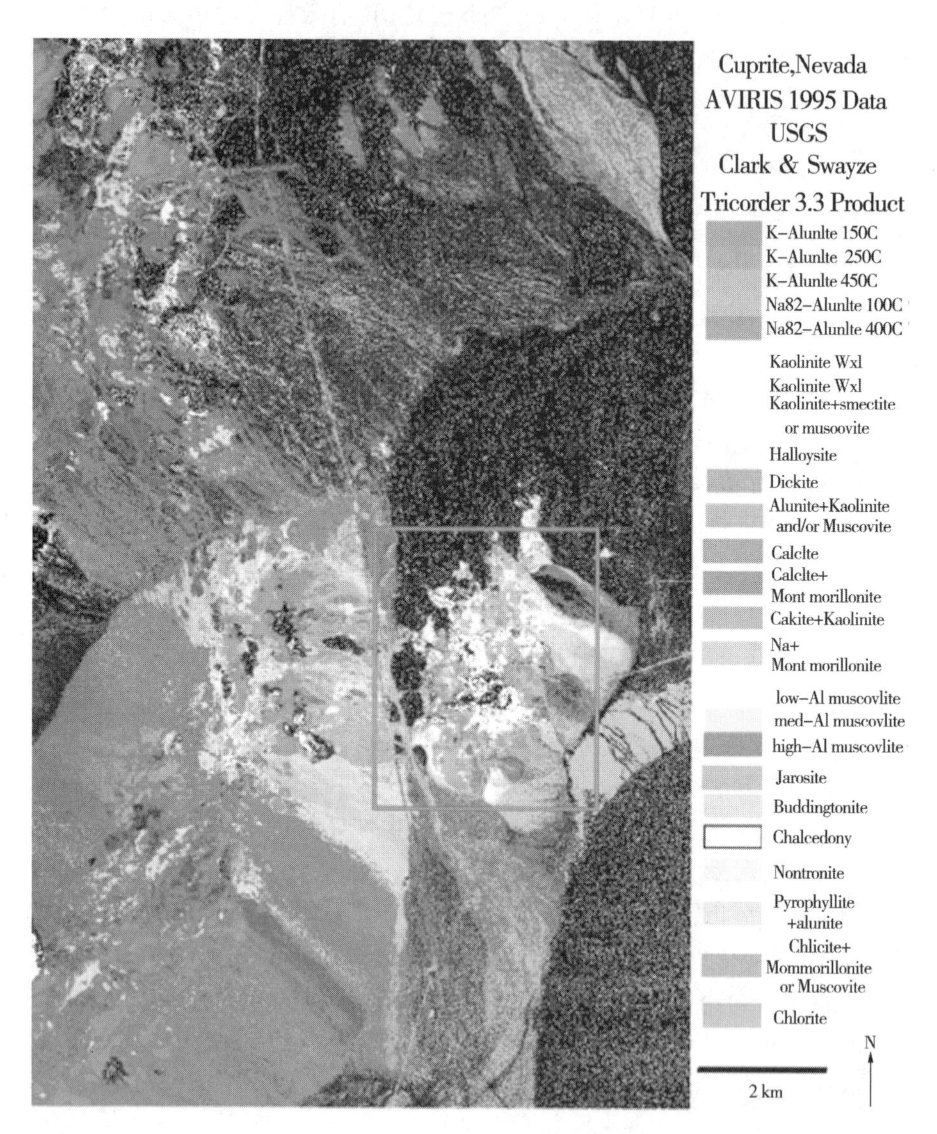

注:图中框线所示位置为本书实验所用影像对应区域。

图 4-15　Cuprite 地区矿物分布图

图 4-16　Cuprite 高光谱影像 3D 图

表 4-14　HREE、SSEE、PPI、N-FINDR 和 VCA 等方法获取的端元光谱和相应的 USGS 中地物光谱间的光谱泛相似测度值(SPM)

地物	HREE	SSEE	PPI	N-FINDR	VCA
Alunite	9.377 5E-03	—*	6.987 1E-04	9.232 8E-04	1.171 2E-02
Andradite	1.339 2E-02	—	4.135 9E-03	1.010 3E-02	—
Buddingtonite	3.770 7E-03	2.361 6E-02	1.555 8E-03	1.210 0E-03	1.161 0E-03
Chalcedony	2.702 2E-03	1.083 3E-02	4.133 0E-03	3.247 3E-03	2.543 8E-03
Cookeite	4.518 4E-04	4.526 1E-04	3.907 1E-04	7.510 3E-03	8.512 6E-04
Kaolin/Smect	8.383 5E-04	2.276 1E-03	8.343 3E-04	8.343 3E-04	8.381 3E-04
Microcline	2.021 3E-03	1.951 3E+00	1.665 6E-04	1.913 2E+00	2.638 4E-02
Montmorillonite#1	2.869 7E-04	2.880 9E-04	2.199 8E-04	3.410 7E-04	3.107 6E-04
Montmorillonite#2	1.185 5E-03	8.791 0E-04	1.458 4E-03	2.129 2E-04	3.422 5E-03
Nontronite #1	6.493 5E-04	1.504 6E-03	2.271 5E-02	5.251 8E-04	1.541 0E-03
Nontronite #2	5.876 9E-04	3.316 0E-03	1.304 9E-03	8.628 7E-04	1.621 0E-03
Rectorite	1.334 4E-03	1.263 5E-03	1.882 2E-03	1.207 1E-03	1.152 9E-03
Sphene	4.565 3E-03	2.577 9E-04	—	4.679 2E-04	2.130 4E-02
Thenardite	1.423 5E-03	5.706 2E-04	4.243 0E-04	3.099 8E-04	9.088 6E-04
SPM 均值	3.041 9E-03	1.694 4E-01	3.540 8E-03	1.386 4E-01	8.242 6E-03

注:“ * ”“—”表示该端元光谱对应 USGS 中的其他地物光谱。

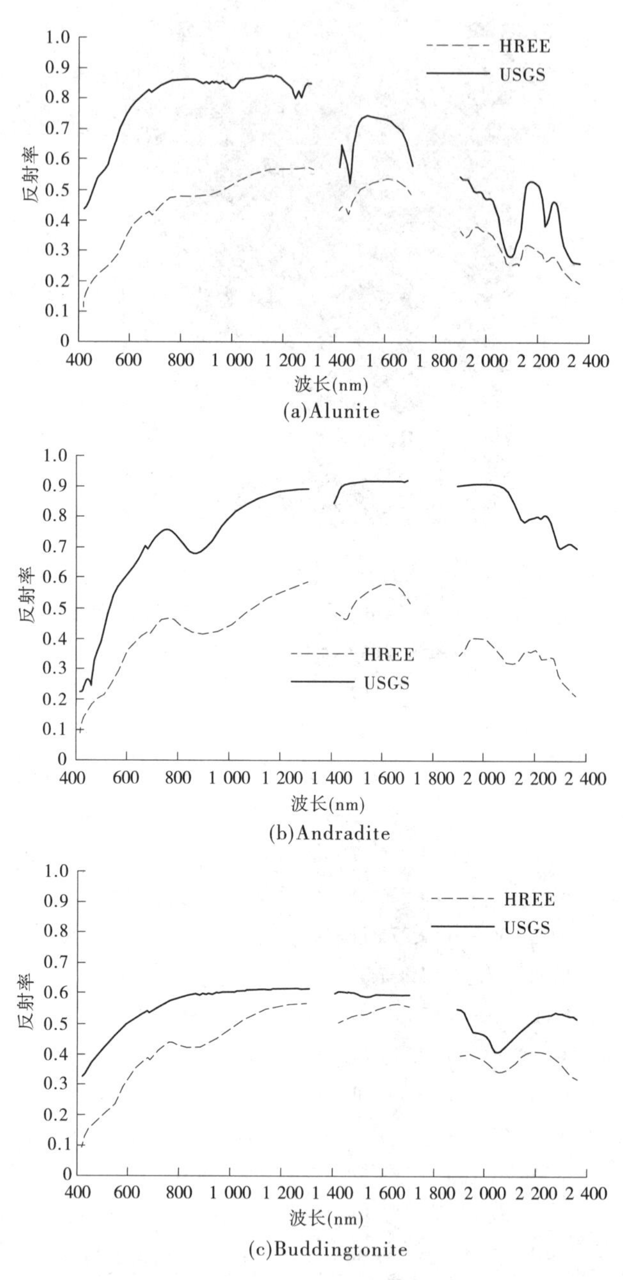

(a)Alunite

(b)Andradite

(c)Buddingtonite

注:Cuprite 高光谱影像中、基于 HREE 方法提取的端元光谱(虚线)和 USGS 光谱库中相应的地物光谱(实线)。

图 4-17　基于 HREE 方法提取的端元光谱

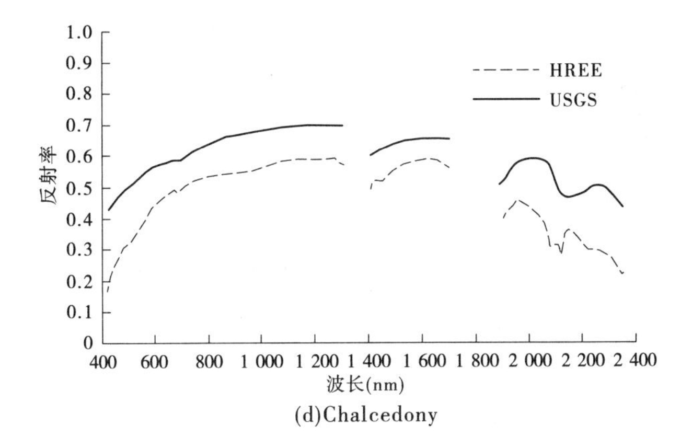

(d)Chalcedony

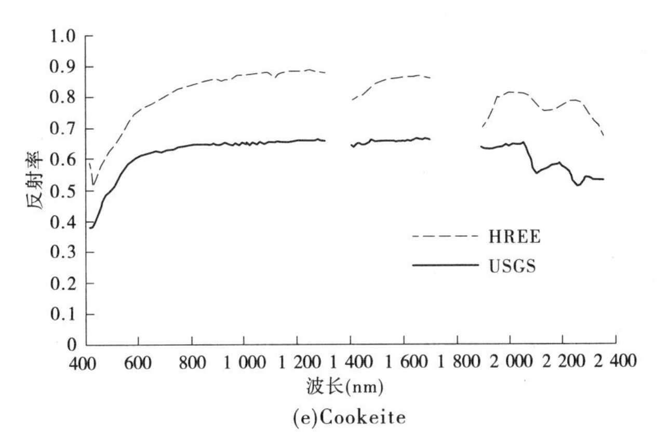

(e)Cookeite

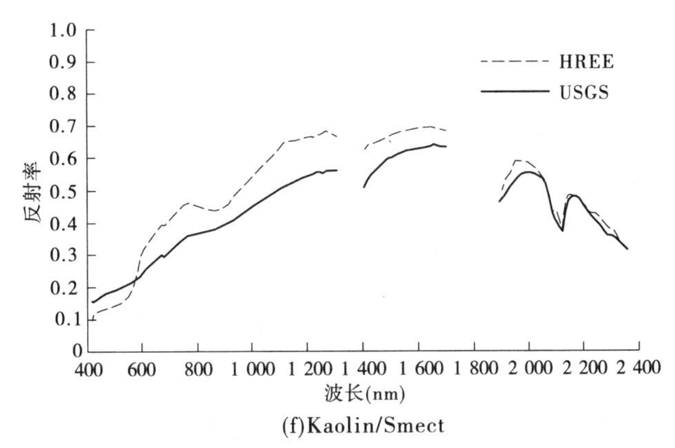

(f)Kaolin/Smect

续图 4-17

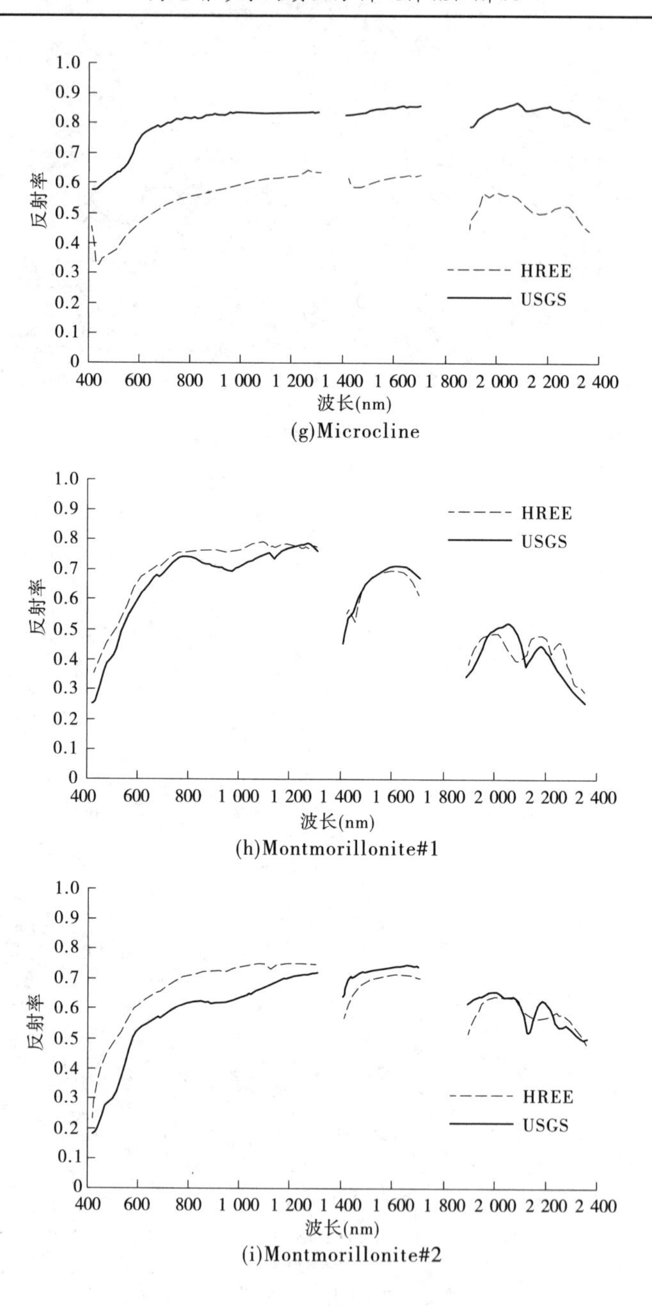

(g)Microcline

(h)Montmorillonite#1

(i)Montmorillonite#2

续图 4-17

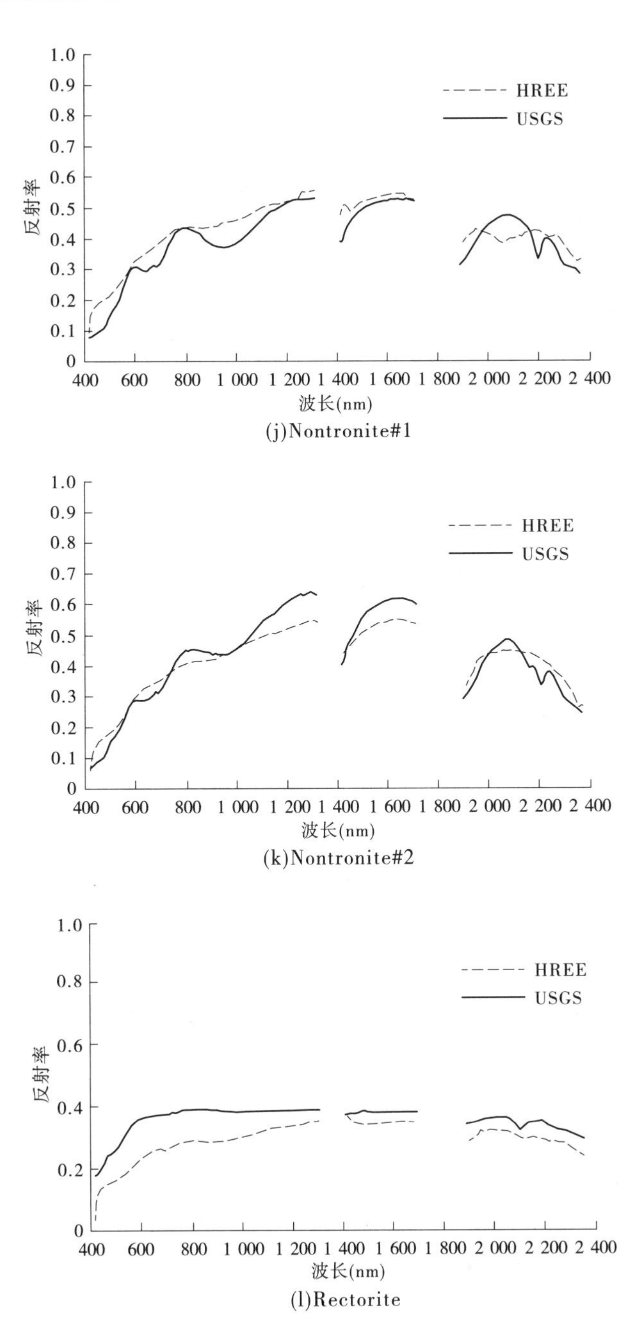
HREE
USGS
反射率
波长(nm)
(j)Nontronite#1
HREE
USGS
反射率
波长(nm)
(k)Nontronite#2
HREE
USGS
反射率
波长(nm)
(l)Rectorite

续图 4-17

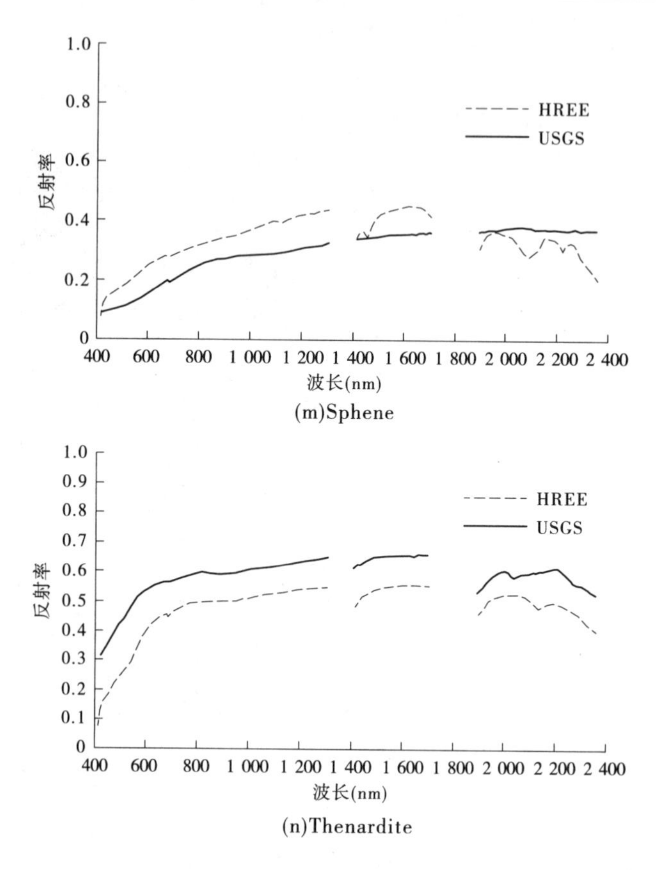

(m)Sphene

(n)Thenardite

续图 4-17

由图 4-17 可见,HREE 所获得大部分端元光谱和相应的 USGS 地物光谱曲线图较为相似,但图 4-17(a)和(m)中的情况略有不同,尤其在 1 800 nm 之后的部分;表 4-14 显示,相应的 SPM 均值分别为 9.377 5E−03 和 4.565 3E−03,相对其他方法获得 SPM 较大,而值越大表示光谱相似性较差。从可视的角度看,图 4-17(b)、(e)和(g)中光谱整体偏移较大,即相应的光谱矢量大小不同,可表 4-14 中相应的 SPM 绝对值和相对值都较小,这也说明虽然光谱间矢量大小有一定差异性,可如果光谱曲线形状较为相似(这点可以在图 4-17 中很容易看出来)或光谱信息量相近,那么基于 SPM 判别时仍有可能得到较小的测度值。光谱整体偏移情况多是由辐照度变化引起的。

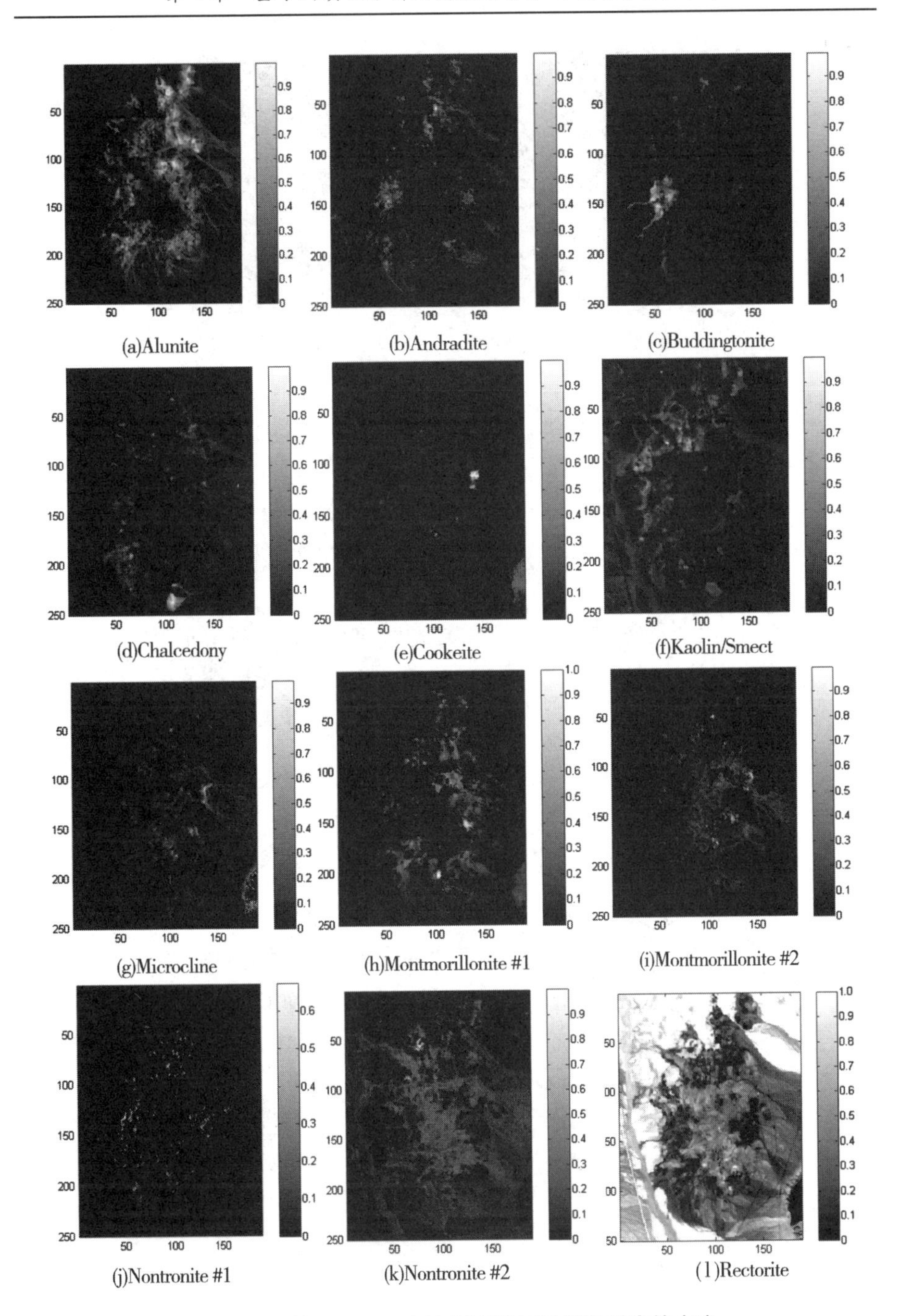

图4-18 基于HREE方法提取端元光谱所对应的丰度

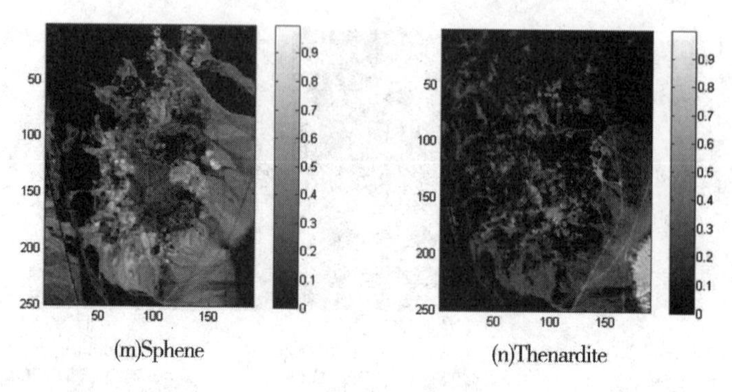

(m)Sphene (n)Thenardite

续图 4-18

图 4-18 为通过全约束性分解方法(FCLS)求得的 HREE 提取光谱对应的丰度分布情况。可见,矿物 Alunite、Kaolin/Smect、Montmorillonite#2、Nontronite#2、Rectorite、Sphene 和 Thenardite 大量分布,这个结果和其他文献结果大致相似。而矿物 Nontronite#1 对应的最大丰度值小于 0.7 且影像空间分布较为稀少,此结果可信度较低。

表 4-14 给出了各种方法所提取端元光谱和 USGS 中地物光谱的 SPM 值,值越小,表明光谱间越相似。最后一行为各种方法所提取端元和相应 USGS 地物光谱的平均 SPM 值,可见 HREE 的 SPM 平均值最小,从此次结果数据看,有较好的端元提取有效性。

4.6 小 结

本章首先给出了像元同质指数数学模型,并在此基础上引入了影像同质区和影像过渡区概念及获取方法,其获取的影像同质区空间和光谱特性将用于高光谱影像混合像元分解各个过程;其次,在影像同质区基础上,给出了一种结合影像空间和光谱的影像端元自动提取方法,基于仿真和真实高光谱影像实验结果表明,该方法能较为准确地提取出影像端元光谱,受噪声影响较小,具有较好的鲁棒性。

第 5 章　基于约束性非负矩阵分解的高光谱影像非监督解混

在第 4 章中，详细讨论并提出了在同质区分析基础上，结合影像空间信息和像元光谱信息的影像端元光谱自动提取方法，即 HREE 方法。HREE 方法与其他基于影像光谱分析的端元提取方法一样，所提取的影像端元光谱有效性和准确性有一个前提条件——影像中含有相应地物的纯净像元，即该类方法的有效性是以影像中地物纯净像元存在性为必要条件的。

虽然随着高光谱技术的发展，影像空间分辨率愈加提高，然而现实世界中地物种类多种多样、分布情况复杂多变，仍然难以保证影像中各种重要地物对应的纯净像元存在性条件总是成立。盲信号分离技术的发展，尤其是近 10 年来非负矩阵分解技术的发展，为高光谱影像混合像元分解问题提供了新的解决思路。

基于非负矩阵分解的高光谱影像混合像元分解方法，不以影像纯净像元存在性作为必要条件，而是在端元光谱信息完全未知情况下直接根据高光谱影像，通过非负矩阵分解运算即可同时得到影像端元光谱和相应丰度分布，此过程也称为基于非负矩阵分解的高光谱影像非监督解混。

然而非负矩阵分解算法中的局部极小值问题限制了其在高光谱影像混合像元分解应用中的有效性，且相应解混结果难以全面符合相关物理意义，为此，本书提出了一种包含平滑性和稀疏性约束的非负矩阵分解方法，并用于进行高光谱影像非监督解混。

5.1　面向混合像元分解问题的非负矩阵分解

5.1.1　非负矩阵分解理论

1999 年，著名的科学杂志 *Nature* 刊登了一篇介绍科学家 D. D. Lee 和 H. S. Seung 在数学领域突出研究成果的文章（Lee, 1999），即在他们的一篇关于非监督学习的文章（Lee, 1997）中提出的非负矩阵分解（non－negative matrix factorization, NMF）的概念和算法。NMF 是在矩阵中所有元素均为非负约束条件下的矩阵分解方法。因科学研究中具有物理意义的数据多为非负，大规模的数据分析方法需要通过矩阵形式进行处理，且 NMF 相较一些传统的算法而言具有分解形式简洁、分解结果可解释等优点，该思想方法一经提出便很快引起各个领域中科研人员的重视。

下面是 NMF 理论中的问题描述。假设已知非负矩阵 V，寻找适当的非负矩阵因子 W 和 H，使得：

$$V \approx WH \tag{5-1}$$

即给定 L 维数据向量的集合 $V \in R^{L\times B}$，其中 B 为集合中数据样本的个数，那么这个矩阵可以近似地分解为矩阵 $W \in R^{L\times P}$ 和矩阵 $H \in R^{P\times B}$ 的乘积。一般情况下，P 会小于 L 和 B。假设 v_j 和 h_j 是矩阵 V 和 H 中对应的列向量，则式(5-1) 可以表达为列向量的形式：$v_j = Wh_j$。也就是说，每一个样本 v_j 可以近似地看作非负矩阵 W 的列向量的非负线性组合，h_j 是组合系数。所以，矩阵 W 可以看作是对数据矩阵 V 进行线性逼近的一组基，而 H 则是样本集 V 在基 W 上的非负投影系数。如果能寻找到合适的基向量组，使其能够代表数据之间潜在的结构关系，则会获得很好的逼近与表示效果。

这里介绍两种基于 W 和 H 迭代的 NMF 算法(Lee, 2001)。这两种算法非常容易实现，在算法的每一步迭代过程中，W 和 H 的新值通过其当前值与一些因子的乘积来获得。在实际应用中，这意味着只要根据规则重复迭代，算法便一定会保证收敛到某个局部最优解。

接下来给出 NMF 的目标函数来表示 W 和 H 对 V 的逼近效果。这样的目标函数可以利用两个非负矩阵 A 和 B 的某些距离来获得，其中一个比较有用的度量方式是矩阵 A 和 B 之间的欧式距离：

$$\| A - B \|^2 = \sum_{ij} (A_{ij} - B_{ij})^2 \tag{5-2}$$

当且仅当 $A = B$ 时，式(5-2)取最小值零。

另一个有用的尺度是基于 K－L 散度(kullback－leibler divergence)：

$$D(A \| B) = \sum_{ij} (A_{ij}\log\frac{A_{ij}}{B_{ij}} - A_{ij} + B_{ij})^2 \tag{5-3}$$

与欧式距离相类似，当且仅当 $A = B$ 时，式(5-3) 取最小值零。值得注意的是，式(5-3) 是非对称的，这也是为什么不把它称为“距离”而称为“散度”的原因。当 $\sum_{ij} A_{ij} = \sum_{ij} B_{ij} = 1$ 时，A 和 B 可以被视为一种归一化的概率分布，这就是 K－L 散度，或称为相对熵。

以式(5-2)和式(5-3)作为目标函数的 NMF 算法可以转化为如下优化问

题：

问题一：针对 W 和 H 最小化 $\| V-WH \|^2$，同时满足约束 $W,H\geqslant 0$；

问题二：针对 W 和 H 最小化 $D(V\| WH)$，同时满足约束 $W,H\geqslant 0$。

目标函数 $\| V-WH \|^2$ 和 $D(V\| WH)$ 对于单独的 W 和 H 而言，都是凸函数(convex function)，但是同时对 W 和 H 来讲，却不是凸函数。因此要找到一个能同时解决上述两个问题的全局最优解是不现实的。Lee 和 Seung 给出了一种被称为“乘法迭代规则”的算法(Lee, 2001)，该算法能够保证在 W 和 H 非负的前提下，找到优化问题的局部最优解。

定理5-1　利用下面的迭代规则，欧式距离 $\| V-WH \|^2$ 是单调非增的，

$$H_{pb}\leftarrow H_{pb}\frac{(W^{\mathrm{T}}V)_{pb}}{(W^{\mathrm{T}}WH)_{pb}}W_{lp}\leftarrow W_{lp}\frac{(VH^{\mathrm{T}})_{lp}}{(WHH^{\mathrm{T}})_{lp}} \tag{5-4}$$

当且仅当 W 和 H 达到稳定点时，欧式距离不再变化。

定理5-2　利用下面的迭代规则，K－L 散度 $D(V\| WH)$ 是单调非增的，

$$H_{pb}\leftarrow H_{pb}\frac{\sum_{l}W_{lp}V_{lb}/(WH)_{lb}}{\sum_{k}W_{kp}}W_{lp}\leftarrow W_{lp}\frac{\sum_{b}H_{pb}V_{lb}/(WH)_{lb}}{\sum_{v}H_{pv}} \tag{5-5}$$

当且仅当 W 和 H 达到稳定点时，K－L 散度不再变化。

如上所述，可以看到 NMF 方法基于乘法迭代，巧妙地控制迭代过程中的正负号，确保了结果和过程的非负性。且将传统迭代方法中需要的手动指定步长变为根据 W 和 H 大小而自动调整，提高了搜索效率。然而，NMF 的目标函数仍具有明显的非凸性，存在大量局部极小值。

5.1.2　基于 NMF 的混合像元分解方法优越性和局限性

本书第2章给出了高光谱影像线性混合像元分解模型：

$$M = AS + N \tag{5-6}$$

式中：$M=[m_1,m_2,\cdots,m_n]\in\Re^{l\times n}$ 是 n 个 l 波段的高光谱混合像元光谱特征响应值矩阵；$A=[a_1,a_2,\cdots,a_r]\in\Re^{l\times r}$ 是影像对应的 r 个 l 波段端元光谱矩阵；$S=[s_1,s_2,\cdots,s_n]\in\Re^{r\times n}$ 是 r 个端元光谱在 n 个混合像元中存在的比例，即端元丰度值矩阵；$N\in\Re^{l\times n}$ 代表影像中存在的噪声。

式(5-6)中混合像元数据矩阵 M、端元光谱数据矩阵 A 和相应的丰度值矩阵 S 皆为非负矩阵，且一般情况下，只有 M 为已知矩阵，A 和 S 为要求取的两个非负矩阵；在数学意义上，以上与盲信号分离技术中的非负矩阵分解方法一致，即都是一种基于已知混合信号而求取原始信号和混合方式的过程，因而高

光谱线性混合像元分解问题自然可以由非负矩阵分解方法来解决；且非负矩阵分解可以在无任何附加条件下、在求解过程和结果中便能满足相关的非负要求，具有过程可控、结果可解释的优点，这也是基于非负矩阵分解进行高光谱混合像元分解问题研究的优越性所在。

然而由于非负矩阵分解中的局部极小值问题，一般意义上的非负矩阵分解方法分解结果，难以满足高光谱混合像元分解问题中的物理意义要求，这也是该方法的局限性所在。从高光谱混合像元分解问题的物理意义出发，研究并构建相应的约束性条件以减小非负矩阵分解的结果不确定性，避免得出难以解释的结果数据，是当前基于非负矩阵分解的高光谱影像混合像元分解问题的研究热点和难点之一。本书将基于高光谱影像空间和光谱特征，构建新型约束性条件，提出一种约束性非负矩阵分解用于高光谱影像非监督解混。

5.1.3　常见的约束性条件

非负矩阵分解自从 1997 年提出以来的 10 多年间，针对其局部极小值问题提出了很多有效方案。下面仅就涉及高光谱影像混合像元分解问题的相关发展进行简要介绍。

面向高光谱影像混合像元分解问题，非负矩阵分解的优化主要集中在约束性条件的构建方法研究上（Huck，2010；Donoho，2004）以优化迭代过程，并避免陷入没有实际意义的局部极小值困境。约束性非负矩阵分解的目标函数一般可以表示为

$$f(A,S) = \| M - AS \|^2 + \alpha J_1(A) + \beta J_2(S) \tag{5-7}$$

式中：$\alpha J_1(A)$ 和 $\beta J_2(S)$ 分别为基于端元光谱矩阵和相应的丰度矩阵而构建的惩罚项；α 和 β 是规则化参数，平衡着误差和约束之间的消长关系。

目前的主要研究热点在于如何构建稀疏性约束条件，以使结果满足丰度稀疏性要求，即高光谱影像中大部分的像元光谱只是端元光谱集中少数几种的混合。基于丰度矩阵构建相应的约束条件，如（Hoyer，2004；Zare，2008）提出并应用了 L_1 规则化因子，并成为最为常用的丰度稀疏性约束方法；L_2 规则化因子（Berry，2007）也得到了应用，实验结果表明其在稀疏性约束方面较 L_1 规则化因子稍弱；$L_{1/2}$ 规则化因子是钱云涛教授最近提出的一种规则化因子（Qian，2011），得到了较好的实验结果。三种规则化因子约束下的非负矩阵分解目标函数以统一的数学公式进行表示，称为 L_q 规则化因子约束下的 NMF：

$$f(A,S) = \frac{1}{2}\|M - AS\|^2 + \lambda\|S\|_q \tag{5-8}$$

式中:λ 为规则化参数,控制迭代过程中丰度稀疏约束的强弱程度,且

$$\|S\|_q = \sum_{i=1}^{r}\sum_{j=1}^{n} s_{ij}^{q} \tag{5-9}$$

当 q 取值为1/2、1 和 2 时,分别为 $L_{1/2}$ 正则化因子、L_1 正则化因子和 L_2 正则化因子。相应的乘性迭代规则变为

$$A \leftarrow A.*MS^{\mathrm{T}}./ASS^{\mathrm{T}} \tag{5-10}$$

$$S \leftarrow S.*A^{\mathrm{T}}M./(A^{\mathrm{T}}AS + \frac{\lambda}{2}S^{q-1}) \tag{5-11}$$

式中:$(\cdot)^{\mathrm{T}}$ 表示矩阵的转置;.＊和./分别代表矩阵间相同位置元素的乘操作和除操作。

5.2　基于约束性非负矩阵分解的非监督解混

基于非负矩阵分解进行高光谱影像混合像元分解的关键是构建合适的约束性条件,即构建符合高光谱影像空间和光谱特征的约束性条件。下面首先分析高光谱影像相关特征,在此基础上给出一种平滑性的约束条件构建方法,然后提出一种新型的目标函数和迭代规则。

5.2.1　高光谱影像特征分析

一幅高光谱影像空间对应的地物分布情况,可以称为“大杂居、小聚居”,即从较大的影像空间范围看,不同的地物随机分布;而从较小的局部空间看,往往某种或几种地物占主要成分。基于此种认识,本书将高光谱影像特征总结为两点,即端元丰度的稀疏性和端元丰度的平滑性。

命题 5-1　端元丰度的稀疏性(abundance sparseness)是指任一端元光谱信息都不太可能布满整幅影像空间,任一影像像元都不太可能包含所有端元光谱信息。

命题 5-2　端元丰度的平滑性(abundance smoothness)是指影像局部空间内的端元丰度一般变化较小,影像像元和其邻域像元中各端元对应的丰度值往往相似。

对于丰度的稀疏性将很容易理解,一幅自然的高光谱影像多是包含几种不同的地物信息,对于某种地物,其将在一个或多个局部影像空间中占主导地

位；对于影像像元，其对应的多是这些地物中的一种或其中几种。这也是最近几年高光谱混合像元分解领域中非负矩阵分解相关约束性条件构建的出发点，然而很少有基于丰度的平滑性提出的约束性条件构建方法见诸文献。下面对端元丰度的平滑性进一步分析。

一幅高光谱影像中，端元丰度的平滑性命题大多情况下是成立的。正如现实世界中各种地物覆盖类型的分布情况，局部空间内总是某种或某几种地物处于主导地位，相应地物的分布具有一定空间连续性。例如，对应于一块湿地的影像同质区内，属性为水的像元，大多情况下"水"在其邻域像元还是同样存在的。然而在影像过渡区内，因地物分布复杂多变，虽然端元丰度的平滑性指的是局部区域、邻域像元间的丰度分布情况，但该命题仍可能难以成立。本书将在第 4 章第一节同质区分析结果，即 $hr = \{hr_1, hr_2, \cdots, hr_h\}$ 的基础上，面向高光谱影像混合像元分解，构建非负矩阵分解平滑性约束性条件，称为平滑性约束的非负矩阵分解（smoothness constrained nonnegative matrix factorization, SM_NMF）。

5.2.2 平滑性约束的非负矩阵分解

首先给出端元丰度平滑指数的定量刻画方法，然后给出基于端元丰度平滑性约束的非负矩阵分解方法。

假设 $M = [m_1, m_2, \cdots, m_n] \in \Re^{l \times n}$ 是影像同质区 $hr = \{hr_1, hr_2, \cdots, hr_h\}$ 的矩阵表示形式，含有 n 个 l 波段像元；$A = [a_1, a_2, \cdots, a_r] \in \Re^{l \times r}$ 是影像对应的 r 个 l 波段端元光谱，$S = [s_1, s_2, \cdots, s_r]^{\mathrm{T}} \in \Re^{r \times n}$ 是 r 个端元光谱在 n 个混合像元中存在的比例，即端元丰度值。其中，像元矩阵 M 已知，端元光谱 A 和端元丰度 S 为待求矩阵。

丰度矩阵 S 的任意一行 s_i 对应端元 a_i 在影像 n 个像元中所占的比例，s_{ij} 表示端元 a_i 在像元 j 中的丰度值，$j = 1, 2, \cdots, n$；令 N_j 表示相同同质区内、像元 j 在 $w \times w$ 大小影像空间内的邻域像元，其像元个数为 K_j，那么端元丰度 s_{ij} 的平滑性指数（abundance smoothness index, ASI）可以表示为

$$\varphi(s_{ij}) = \sum_{k \in N_j} \alpha_{jk} (s_{ij} - s_{ik})^2 \tag{5-12}$$

式中：α_{jk} 为端元丰度 s_{ij} 和 s_{ik} 之间平滑性指数的权重系数：

$$\alpha_{jk} = \beta_j \mathrm{e}^{-\frac{(r_j - r_k)^2 + (c_j - c_k)^2}{d^2}} \tag{5-13}$$

(r_j, c_j) 和 (r_k, c_k) 分别为像元 j 和像元 k 在影像空间中的行列号，其中 β_j 为一个和领域像元个数 K_j 相关的参数：

$$\beta_j = 1 / \sum_{k=1}^{K_j} e^{-\frac{(r_j - r_k)^2 + (c_j - c_k)^2}{d^2}} \tag{5-14}$$

$d = (w - 1)/2$ 为刻画端元丰度的平滑性时考虑的邻域半径。

此处的平滑指数权重系数和第 4 章中同质指数求取过程中的光谱相似性权重系数有相同之处,即都是像元间相邻越近,权重系数越大;且可以自适应调整,能降低结果值对参数的依赖性。与同质指数公式中的权重系数不同之处在于,后者当窗口大小 w 确定之后,邻域像元数目便是一个固定的值,而丰度平滑指数中,邻域像元数目既和窗口大小 w 相关,又和该像元在影像同质区的位置相关;当所属窗口 $w \times w$ 空间的像元属于同一同质区时,两者涉及像元数目相同,否则将小于后者。

由式(5-13)和式(5-14)可见,当 $\sum_{k \in N_j} \alpha_{jk} = 1$ 时,保证了领域像元数目不同的情况下的平滑指数公平性,即确保端元丰度的平滑指数只和该端元在相同同质区邻域像元内的丰度值相关,而不受其邻域像元个数多少影响。同质指数值 $\varphi(s_{ij})$ 越小,越说明端元 i 在像元 j 邻域内丰度变化越小。

那么,平滑性约束的非负矩阵分解目标函数可定义为:

定义 5-1　平滑性约束的非负矩阵分解(smoothness constrained nonnegative matrix factorization, SM – NMF)可通过最小化以下目标函数获得

$$f(A,S) = \frac{1}{2} \| M - AS \|_2^2 + \lambda \Phi(S) \tag{5-15}$$

且满足 A 和 S 均为非负矩阵;当 $\lambda \geqslant 0$ 时:

$$\Phi(S) = \sum_{i=1}^{r} \sum_{j=1}^{n} \varphi(s_{ij}) \tag{5-16}$$

式中:r 为影像端元数目;n 为影像像元数目。

定义 5-1 中,引入所有端元丰度的平滑指数之和作为惩罚项,这使得在分解过程和结果中加入了端元的平滑性约束,使分解结果中的端元丰度具有更好的平滑性,也更符合高光谱影像同质区的空间和光谱特征。λ 是规则化参数,平衡着误差和约束项之间的关系。当 $\lambda = 0$ 时,SM – NMF 退化为一般的非负矩阵分解。

本书借鉴文献(Lee, 2000; Hoyer, 2002)中提出的乘性迭代规则,给出平滑性约束的非负矩阵分解迭代规则。

定理 5-3　目标函数(5-15)通过以下方法迭代时是非增的。

$$A \leftarrow A. * MS^{\mathrm{T}}. / ASS^{\mathrm{T}} \tag{5-17}$$

$$S \leftarrow S. * [A^{\mathrm{T}}M + 2\lambda \Psi(S)]. / (A^{\mathrm{T}}AS + 2\lambda S) \tag{5-18}$$

其中,$\psi(S)$为与 S 同大小的矩阵。

$$\Psi(S)_{ij} = \psi(s_{ij}) = \sum_{k \in N_j} \alpha_{jk} s_{ik} \tag{5-19}$$

式中:α_{jk}与式(5-13)相同;$(\cdot)^{\mathrm{T}}$ 表示矩阵的转置;.＊和./分别代表矩阵间相同位置元素的乘操作和除操作。

详细的定理证明过程见 5.3 节。为了使非负矩阵分解结果更能符合高光谱影像特征,下面继续引入稀疏性约束和丰度 ASC 约束。

5.2.3 其他约束性条件引入

5.2.2 中根据高光谱影像的空间和光谱特征之一,即端元丰度的平滑性,构建了新型的非负矩阵分解约束性条件,给出了目标函数和迭代规则。然而仅基于平滑性约束条件,非负矩阵分解结果还不能很好地反映高光谱影像的稀疏性特征,且不能保证满足分解结果中丰度(abundance sum to one constraint, ASC)之和为 1 的约束。本书将首先引入一种能刻画全局稀疏性的非负矩阵分解稀疏性约束条件,然后给出丰度 ASC 约束方法。

Pascual – Montano(2006)提出了一种称为非平滑非负矩阵分解的方法(nonsmooth nonnegative matrix factorization, nsNMF),即在原始的非负矩阵分解式中引入一个“平滑矩阵”$E \in \Re^{r \times r}$。

$$f(A,S) = \frac{1}{2} \| M - AES \|_2^2 \tag{5-20}$$

E 是一个对称正定矩阵,即

$$E = (1 - \theta)I + \frac{\theta}{r} cc^{\mathrm{T}} \tag{5-21}$$

其中,I 为一个单位矩阵;c 为一个值全为 1 的列向量;参数 θ 满足 $0 \leqslant \theta \leqslant 1$,控制着 E 的平滑性程度,即较大的 θ 值使得 E 矩阵中的值“平滑”。根据非负矩阵分解的乘性迭代特征,平滑性较强的 E 会产生稀疏性较强的 A 和 S。根据高光谱影像特征,只需要得到的端元丰度矩阵值 S 具有稀疏性,即对其每一列应含有一些值为零的项(表示该像元并不包含所有的端元光谱信息,对应地指示影像端元光谱集的子集),而不需要端元光谱矩阵 A 具有稀疏性。数学分析和相关实验结果可表明,该要求可通过将 E 与 A 结合,即式(5-20) 中的目标函数更新为

$$f(A,S) = \frac{1}{2} \| M - (AE)S \|_2^2 \tag{5-22}$$

结合此处丰度稀疏性约束方法,对具有丰度平滑性的非负矩阵分解方法

迭代公式做以下调整：由式(5-17)中端元光谱迭代公式保持不变，式(5-18)的端元丰度迭代公式更改为

$$S \leftarrow S. * [(AE)^{\mathrm{T}}M + 2\lambda\Psi(S)]./[(AE)^{\mathrm{T}}(AE)S + 2\lambda S] \tag{5-23}$$

通过加入丰度的平滑性和丰度的稀疏性约束，原始的非负矩阵分解结果空间被压缩，使分解结果更难符合高光谱影像的空间和光谱特征。而相对丰度的全约束性而言，此时的分解结果只是在迭代过程和结果中满足了丰度的非负性，仍不能满足 ASC 约束，即对于丰度矩阵 S 的某列 s，有 $\sum_{i=1}^{r} s_i = 1$。引入文献(Heinz, 2001)提出的端元丰度全约束求解的方法，分解迭代过程中对影像数据矩阵 M 和端元光谱矩阵 A 增加一个附加行：

$$\tilde{M} = \begin{bmatrix} M \\ \delta 1_n^{\mathrm{T}} \end{bmatrix}, \tilde{A} = \begin{bmatrix} A \\ \delta 1_r^{\mathrm{T}} \end{bmatrix} \tag{5-24}$$

式中：1_n^{T} 和 1_r^{T} 分别为值全为 1 的 n 维列向量和 r 维行向量；δ 为控制 ASC 约束的影响参数，其值越大，得到的丰度矩阵 S 中的和越接近 1。在每次迭代中，这两个新的矩阵将用于取代原来的影像数据矩阵 M 和端元光谱矩阵 A。

5.2.4　CNMF 算法流程

含有丰度的平滑性、丰度的稀疏性和丰度 ASC 约束的非负矩阵分解方法在本书中称为约束性的非负矩阵分解(constrained nonnegative matrix factorization, CNMF)，图 5-1 是基于 CNMF 的高光谱影像非监督解混方法流程。

基于 CNMF 的高光谱影像非监督解混，是在影像同质区分析的基础上，根据同质区空间和光谱特征，构建丰度平滑性约束条件，并结合丰度稀疏约束和 ASC 约束，基于非负矩阵分解思想进行高光谱影像混合像元分解而获得影像端元光谱和端元丰度的过程和方法，简称为 CNMF－HU(constrained nonnegative matrix factorization based hyperspectral unmixing)。

下面给出 CNMF－HU 的初始化方法、迭代终止条件，及相关参数的自适应性赋值方法。

已知影像同质区像元光谱集 M 的情况下，端元光谱矩阵 A 可在同质区代表光谱集中通过 OSP 方法选择出 r 条光谱进行初始化。在 A 初始化的基础上，端元丰度矩阵可通过

$$S = (A^{\mathrm{T}}A)^{-1}A^{\mathrm{T}}M \tag{5-25}$$

进行初始化，且进行调整以使其各个元素值介于[0,1]；当然，也可以简单地对 M 和 A 各个元素随机赋以介于 0 和 1 之间的值。其中端元个数 r 通过虚拟

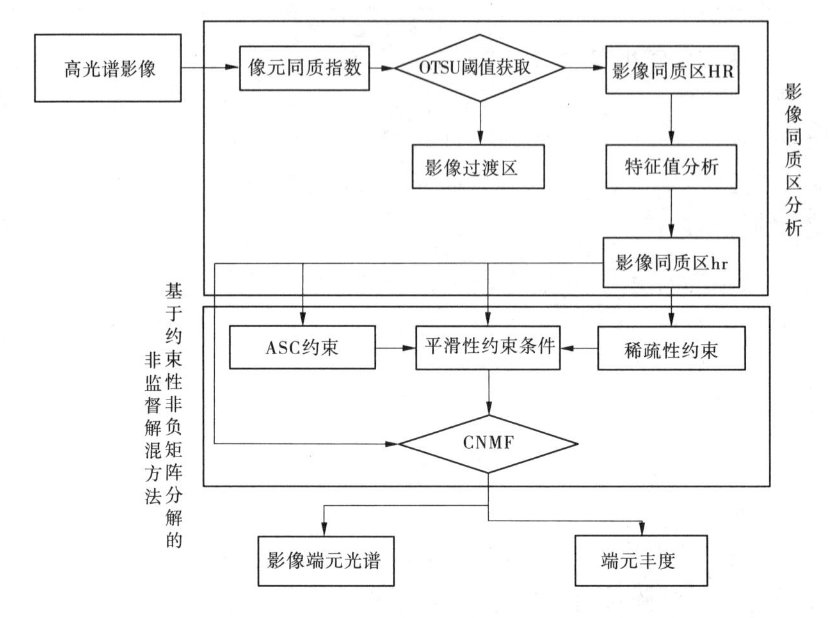

图 5-1　基于 CNMF 的高光谱影像非监督解混方法流程

维度思想(VD)(Chang, 2004)计算获取。

本书给出两种迭代终止条件,第一种是给出最大的迭代次数,本文实验中设置为 6 000;第二种是给出目标函数值的开始和结束时的关系,即当

$$f(A^i,S^i) \leqslant \varepsilon f(A^1,S^1) \tag{5-26}$$

时,迭代停止;其中 ε 设置为 10^{-3}。这两种终止条件有一种满足,迭代停止。

关于目标函数式(5-15)中的平滑性参数 λ。平滑性参数 λ 控制着目标函数误差和平滑约束之间的关系,值越大,结果中平滑性约束越强,通过借鉴文献(Hoyer, 2004)中的思想赋值为

$$\lambda = 1 - \frac{1}{\sqrt{l}}\sum_{i=1}^{l}\frac{\sqrt{n} - \| m_i \|_1 / \| m_i \|_2}{\sqrt{n-1}} \tag{5-27}$$

其中,m_i 是影像矩阵 M 的第 i 行,即影像 n 个像元第 i 波段的光谱特征响应值。

为了降低非负矩阵分解的解的空间,避免迭代陷入不合实际情况的局部极小值情况,使分解结果更适合高光谱影像特征,加入了平滑性和稀疏性约束,然而这也降低了目标函数的收敛速度,增加了计算量。因此,为了增强算法的鲁棒性,减少运算量,当迭代满足以下情况时

$$\frac{\Phi(S^i) - \Phi(S^{i+1})}{\Phi(S^i)} \leqslant 10^{-3} \tag{5-28}$$

移除平滑性约束和稀疏性约束。满足条件时，算法结果已经满足平滑性等相关约束，移除相关约束项，只保留ASC约束，使迭代过程快速搜寻并到达该局部的最小值解，即满足平滑性、稀疏性和ASC约束的最优解。

另外，本书提出的平滑性约束方法具有很强的一般性和适应性，还可以将其他方面的约束加入进来，组成新的约束方法，以达到新的约束目的，如对端元光谱曲线形状约束方法(Jia, 2009)。

基于以上各种阶段内容，CNMF－HU的步骤可总结如下：

(1)根据VD方法获得影像的端元数目。

(2)基于式(5-27)对参数λ赋值。

(3)对端元光谱矩阵A和端元丰度矩阵S初始化，确保全部元素值介于[0,1]，且调整S中各列值使和为1。

(4)根据式(5-15)获得初始目标函数值$f(A^1, S^1)$，然后进入循环。

①基于式(5-24)替代矩阵M和A，满足ASC约束；

②基于式(5-17)更新端元光谱矩阵A；

③基于式(5-23)更新端元丰度矩阵S；

④判断是否满足移除约束条件，若满足，则令$\lambda=0$；

⑤根据式(5-15)计算新的目标函数值$f(A^i, S^i)$；

⑥判断是否满足终止条件，循环直至满足终止条件。

(5)跳出循环，结束。

5.3　收敛性证明

本节给出定理5-3的收敛性证明。其中式(5-17)的迭代方式和参考文献(Lee, 2001; Hoyer, 2002)相同，这里不再重复证明，此处给出式(5-18)的收敛性证明。

由于目标函数式(5-15)中丰度矩阵S的各列是可以分离的，即在式(5-18)的迭代过程中各列间是互不影响的，为了便于理解且不失一般性，证明过程中只关注丰度矩阵的列s的收敛性；类似的，像元矩阵M对应的列，即某像元光谱可以m来表示。那么此时对于s，其目标函数为

$$F(s) = \frac{1}{2}\|m - As\|_2^2 + \lambda\Phi(s) \tag{5-29}$$

其中

$$\Phi(s) = \sum_{i=1}^{r}\varphi(s_i) \tag{5-30}$$

证明迭代规则式(5-18)的收敛性,即需要证明目标函数值在迭代过程中单调递减。参考最大期望值方法中的做法(Dempster, 1977; Saul, 1997),此处引入一个辅助函数。

定义 5-2　$G(s,s^t)$如果满足以下条件

$$G(s,s) = F(s),G(s,s^t) \geqslant F(s) \tag{5-31}$$

那么将是 $F(s)$的一个辅助函数。

根据此辅助函数可以得到以下命题。

命题 5-3　如果 $G(s,s^t)$是一个辅助函数,那么 $F(s)$基于以下进行迭代时是非增的:

$$s^{(t+1)} = \arg\min_s G(s,s^t) \tag{5-32}$$

命题 5-4　证明:因为 G 是 F 的辅助函数,所以有 $G(s^t,s^t)=F(s^t)$,且有 $G(s^{t=1},s^t) \geqslant F(s^{t+1})$;又因为 $s^{t+1}=\arg\min\limits_s G(s,s^t)$,即 $G(s^{t+1},s^t) \leqslant G(s^t,s^t)$,总结而有

$$F(s^{t+1}) \leqslant G(s^{t+1},s^t \leqslant G(s^t,s^t) = F(s^t) \tag{5-33}$$

命题5-4 得证。

命题 5-5　如果有对角矩阵

$$K(s^t) = \mathrm{diag}[(A^{\mathrm{T}}As^t + 2\lambda s^t)./s^t] \tag{5-34}$$

那么

$$G(s,s^t) = F(s^t) + (s-s^t)^{\mathrm{T}}\nabla F(s^t) + \frac{1}{2}(s-s^t)^{\mathrm{T}}K(s^t)(s-s^t) \tag{5-35}$$

是 $F(s)$的一个辅助函数。

命题 5-6　证明:$G(s,s)=F(s)$,证明 $G(s,s^t) \geqslant F(s)$。$F(s)$根据泰勒公式可以展开为

$$F(s) = F(s^t) + (s-s^t)^{\mathrm{T}}\nabla F(s^t) + \frac{1}{2}(s-s^t)^{\mathrm{T}}[A^{\mathrm{T}}A + \mathrm{diag}(2\lambda c)](s-s^t) \tag{5-36}$$

其中,c 是值全为 1 的列向量。

对比式(5-35)和式(5-36),可知 $G(s,s^t) \geqslant F(s)$等价于

$$K(s^t) - A^{\mathrm{T}}A - \mathrm{diag}(2\lambda c) \geqslant 0 \tag{5-37}$$

由式(5-34)可知

$$K(s^t) = \mathrm{diag}[(A^{\mathrm{T}}As^t + 2\lambda s^t)./s^t] = \mathrm{diag}(A^{\mathrm{T}}As^t./s^t) + \mathrm{diag}(2\lambda c) \tag{5-38}$$

即有

$$K(s^t) - A^TA - \text{diag}(2\lambda c) = \text{diag}(A^TAs^t./s^t) + \text{diag}(2\lambda c) - A^TA - \text{diag}(2\lambda c)$$
$$= \text{diag}(A^TAs^t./s^t) - A^TA \quad (5\text{-}39)$$

$\text{diag}(A^TAs^t./s^t) - A^TA \geqslant 0$ 已在文献(Lee, 2001)中得以证明,因而有 $G(s,s^t) \geqslant F(s)$ 成立。命题5-6 得证。

定理 5-4　证明:以式(5-35)中的 G 函数替代式(5-34)的辅助函数 G,那么辅助函数 G 最小值可由其导数取零获得,即

$$\nabla_s G(s,s^t) = \nabla F(s^t) + K(s^t)(s - s^t) = 0 \quad (5\text{-}40)$$

所以辅助函数的最小值位置为

$$s = s^t - \nabla F(s^t)K^{-1}(s^t) \quad (5\text{-}41)$$

$F(s)$基于式(5-41)进行迭代时是非增的。令 $H(s) \in \Re^{r\times 1}$为与 s 同大小的向量,有

$$H(s)_{ij} = \sum_{k\in N_j}\alpha_{jk}(s_{ij} - s_{ik}) = s_{ij} - \sum_{k\in N_j}\alpha_{jk}s_{ik} = s_{ij} - \psi(s_{ij}) \quad (5\text{-}42)$$

j 为 s 所在的列,α_{jk}见式(5-13),$\psi(s_{ij})$见式(5-19),有

$$\nabla F(s^t) = A^TAs^t - A^Tm + 2\lambda H(s^t) \quad (5\text{-}43)$$

那么根据式(5-34)和式(5-43)、式(5-41)有

$$\begin{aligned} s &= s^t - K^{-1}(s^t)\nabla F(s^t) \\ &= s^t - s^t./(A^TAs^t + 2\lambda s^t).*[A^TAs^t - A^Tm + 2\lambda H(s^t)] \\ &= s^t.*[A^TAs^t + 2\lambda s^t - A^TAs^t + A^Tm - 2\lambda H(s^t)]./(A^TAs^t + 2\lambda s^t) \\ &= s^t.*[A^Tm + 2\lambda\Psi(s^t)]./(A^TAs^t + 2\lambda s^t) \end{aligned} \quad (5\text{-}44)$$

式(5-18)得证。因而定理 5-12 成立,证明完毕。

5.4　实　验

5.4.1　基于仿真高光谱影像的实验

仿真高光谱影像的合成方法和第 4 章中方法相同。其中掩膜窗口尺寸为 35,信噪比 SNR 为 60 dB。和第 4 章的仿真影像不同的是,为了使增强仿真高光谱影像中的像元混合情况,掩膜窗口由 15 改为了 35,以检验 CNMF 和 SM_NMF 方法在影像中没有纯净像元存在情况下的端元提取有效性。从美国地质调查局(USGS)矿物光谱库(Clark, 1993)中选取的 5 种地物光谱曲线见图 5-2。

下面是基于此仿真高光谱数据的实验方案,基于各种约束下的非负矩阵分解方法进行高光谱影像非监督解混,并定量分析其结果中端元光谱和端元

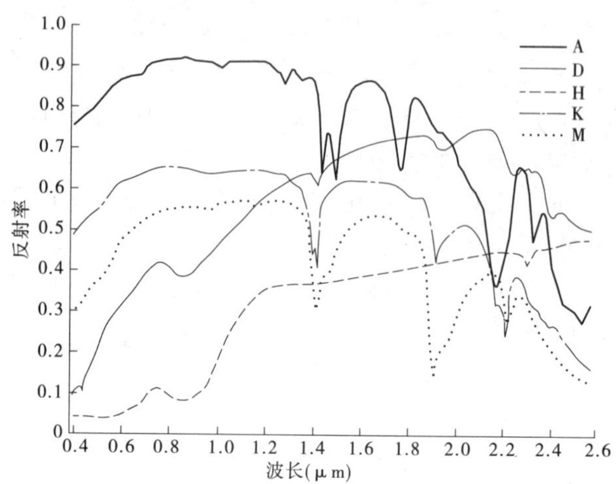

A—明矾石(Alunite),D—钙铁榴石(Andradite),H—赤血石(Hematite),
K—高岭石(Kaolinite),M—蒙脱石(Montmorillonite)

图 5-2　USGS 矿物光谱库中 5 种地物光谱曲线

丰度:①验证 CNMF 的有效性,即同时具有平滑约束、稀疏约束和 ASC 约束下的非负矩阵分解方法;②各种约束 NMF 方法在不同噪声情况下的有效性分析;③各种约束 NMF 方法在不同掩膜模板情况下的有效性分析。

实验 1:验证 CNMF 的有效性。为测试 CNMF 的有效性,分三种情况进行实验验证。①端元光谱矩阵 A 和丰度矩阵 S 以同质区代表光谱的方式进行初始化,平滑性约束受影像同质区空间限制,标识为 HRA;②端元光谱矩阵 A 和丰度矩阵 S 以(0,1)区间随机赋值的方式进行,平滑性约束受影像同质区空间限制,标记为 RAND;③端元光谱矩阵 A 和丰度矩阵 S 以(0,1)区间随机赋值的方式进行,平滑性约束不受影像同质区空间限制,标识为 NON。其中,稀疏约束参数 θ、ASC 约束参数 δ、平滑窗口 w、迭代次数 iterNum 分别设置 0.05、1、3 和 6 000(以下实验中各参数设置方法不另加说明时皆与此相同)。

图 5-3 和图 5-4 分别是 CNMF 在 HRA、RAND 和 NON 三种方式下分解结果的端元光谱曲线和端元丰度图。表 5-1 是端元光谱和端元丰度的定量分析结果。

由图 5-3 各端元光谱曲线图可见,各种方式下 CNMF 方法非监督解混所得的光谱曲线和真实的光谱曲线比较相似;且由表 5-1,即解混所得端元光谱和真实端元光谱定量分析结果的 SPM、SAD、ED、SCM 和 SID 值也可以看出,各种光谱相似性测度值较小,说明分解所得光谱和真实光谱间较为相似。

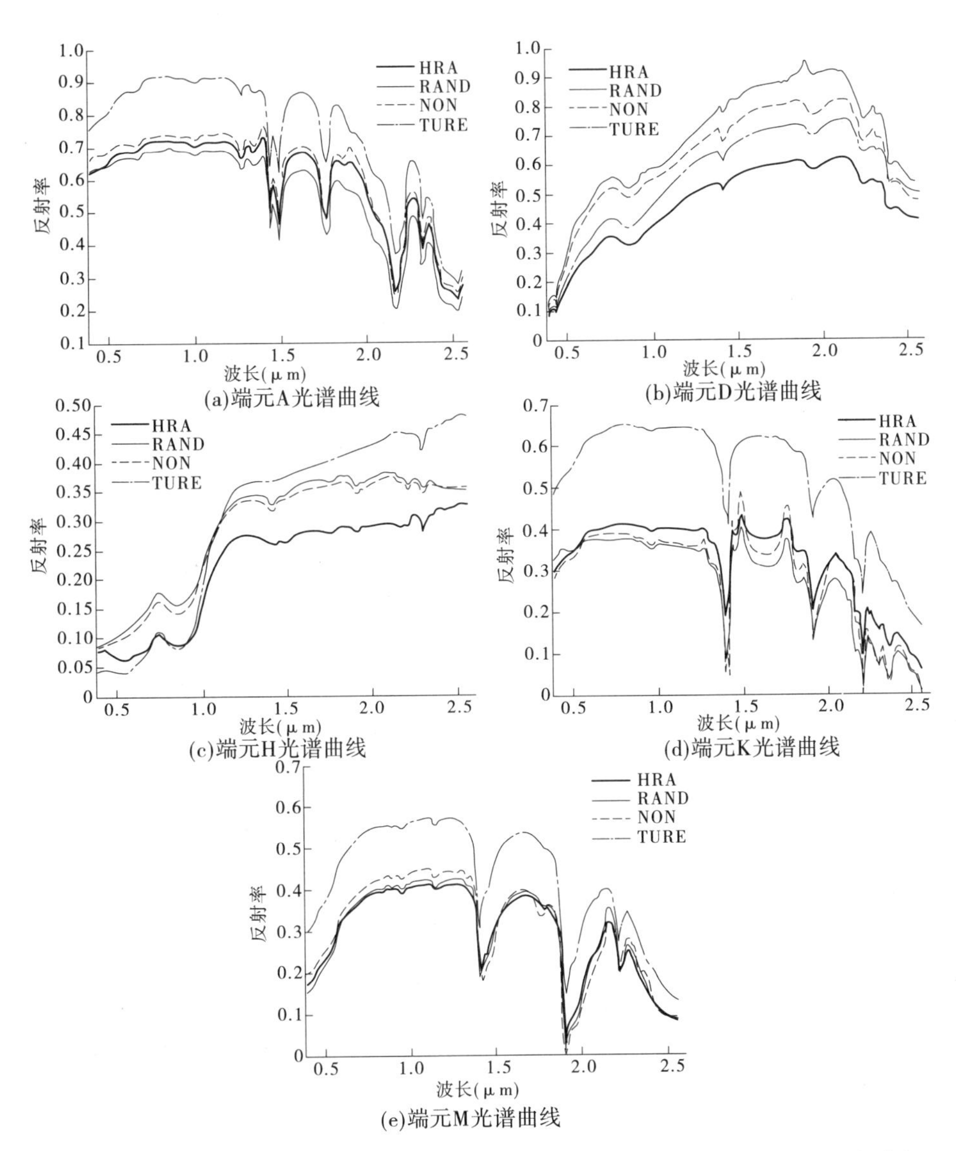

注:HRA:通过影像同质区代表光谱对端元光谱矩阵和丰度矩阵进行初始化,平滑约束受影像同质区空间限制;RAND:通过[0,1]随机赋值方式对端元光谱矩阵和丰度矩阵进行初始化,平滑约束受影像同质区空间限制;NON:通过[0,1]随机赋值方式对端元光谱矩阵和丰度矩阵进行初始化,平滑约束不受影像同质区空间限制;TURE:真实的端元光谱曲线。

图5-3　三种方式下CNMF方法非监督解混结果中的端元光谱曲线

图 5-4 端元丰度图中,图 5-4(a)、(e)、(i)、(m)、(q)为各种端元丰度的真实分布图,其余为 HRA、RAND 和 NON 方式下 CNMF 分解所得的端元丰度图。其中,HRA 和 RAND 方式因受影像同质区限制,只能分解获得影像同质区各端元的丰度图(0 值黑色部分为影像过渡区),NON 方式下不受影像同质区限制,认为影像中任何像元内各端元丰度和其邻域像元端元丰度相似,可得整幅影像的端元丰度图。由图 5-4 可见,三种方式下各端元的丰度分布图和真实端元丰度图也较为相似;表 5-1 中对应的 RMSE 值较小也可反映出来。

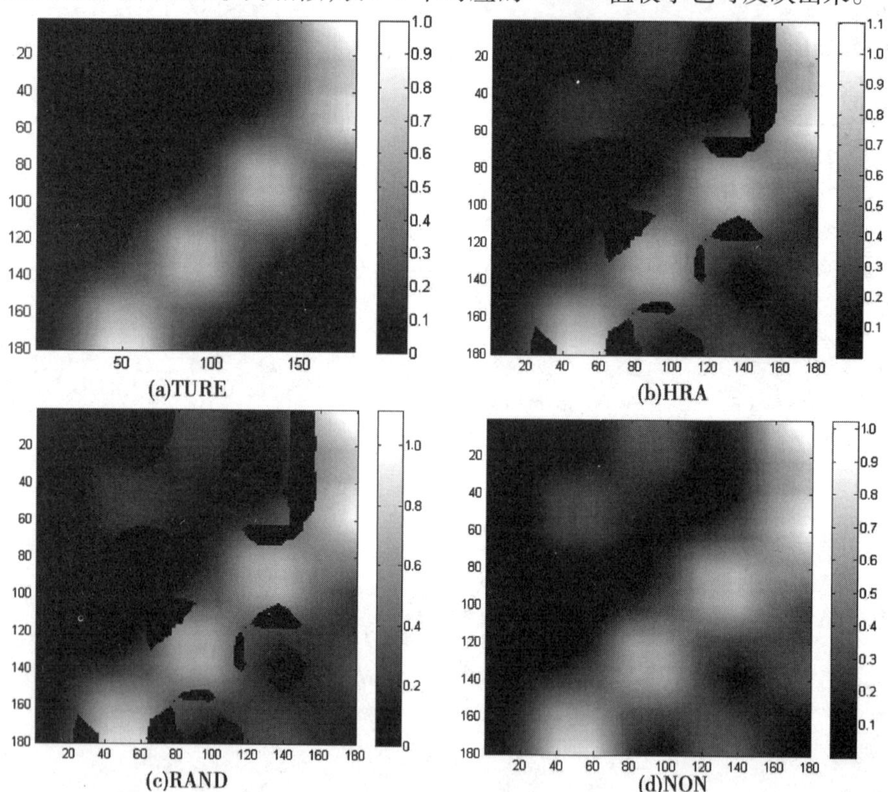

注:(a)、(b)、(c)和(d)分别为真实的和 HRA 和 RAND 和 NON 方式下所得的端元 A 的丰度图;(e)、(f)、(g)和(h)分别为真实的和 HRA、RAND 和 NON 方式下所得的端元 D 的丰度图;(i)、(j)、(k)和(l)分别为真实的和 HRA、RAND 和 NON 方式下所得的端元 H 的丰度图;(m)、(n)、(o)和(p)分别为真实的和 HRA、RAND 和 NON 方式下所得的端元 K 的丰度图;(q)、(r)、(s)和(t)分别为真实的和 HRA、RAND 和 NON 方式下所得的端元 M 的丰度图。

图 5-4　三种方式下 CNMF 方法非监督解混结果中的端元丰度图

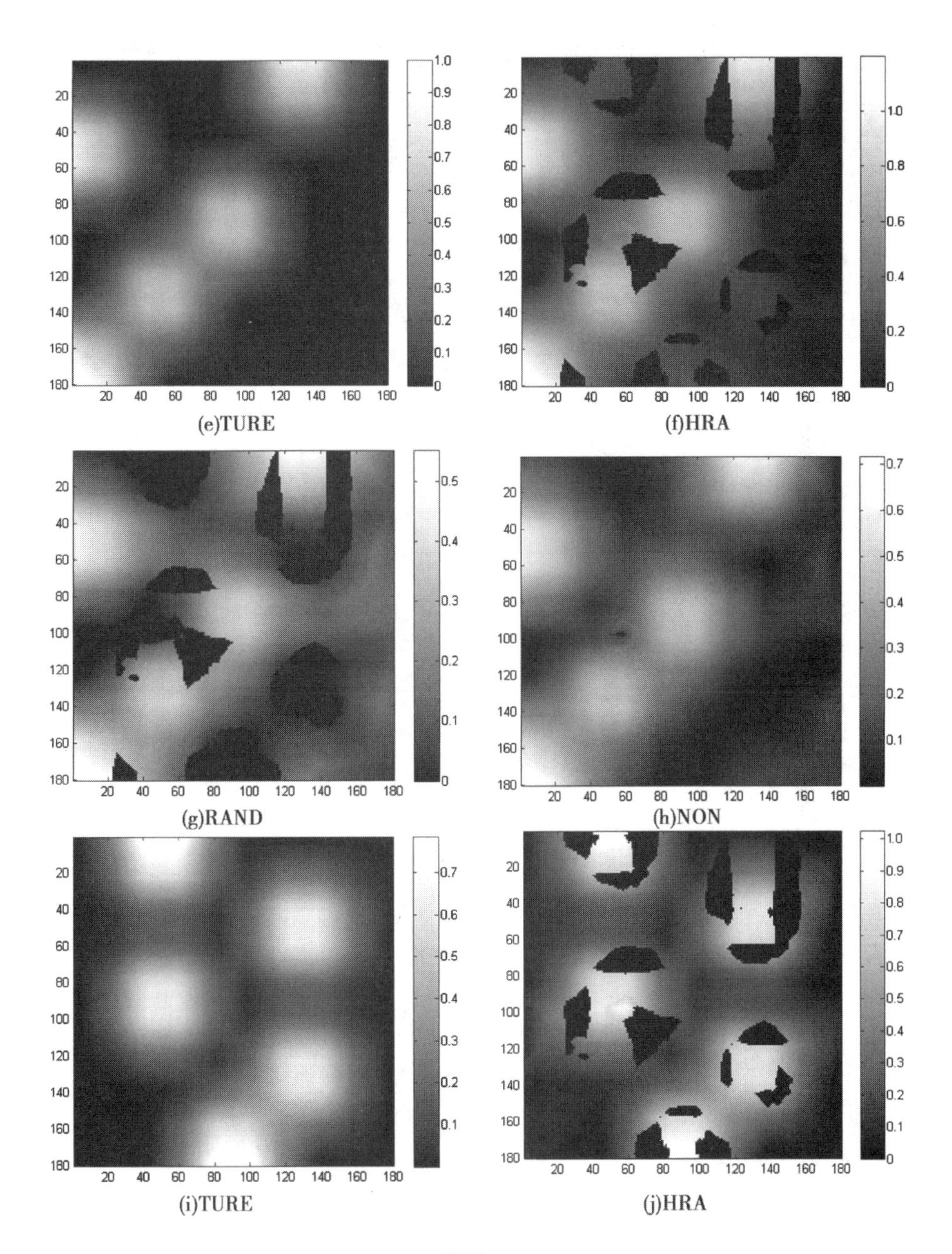

续图5-4

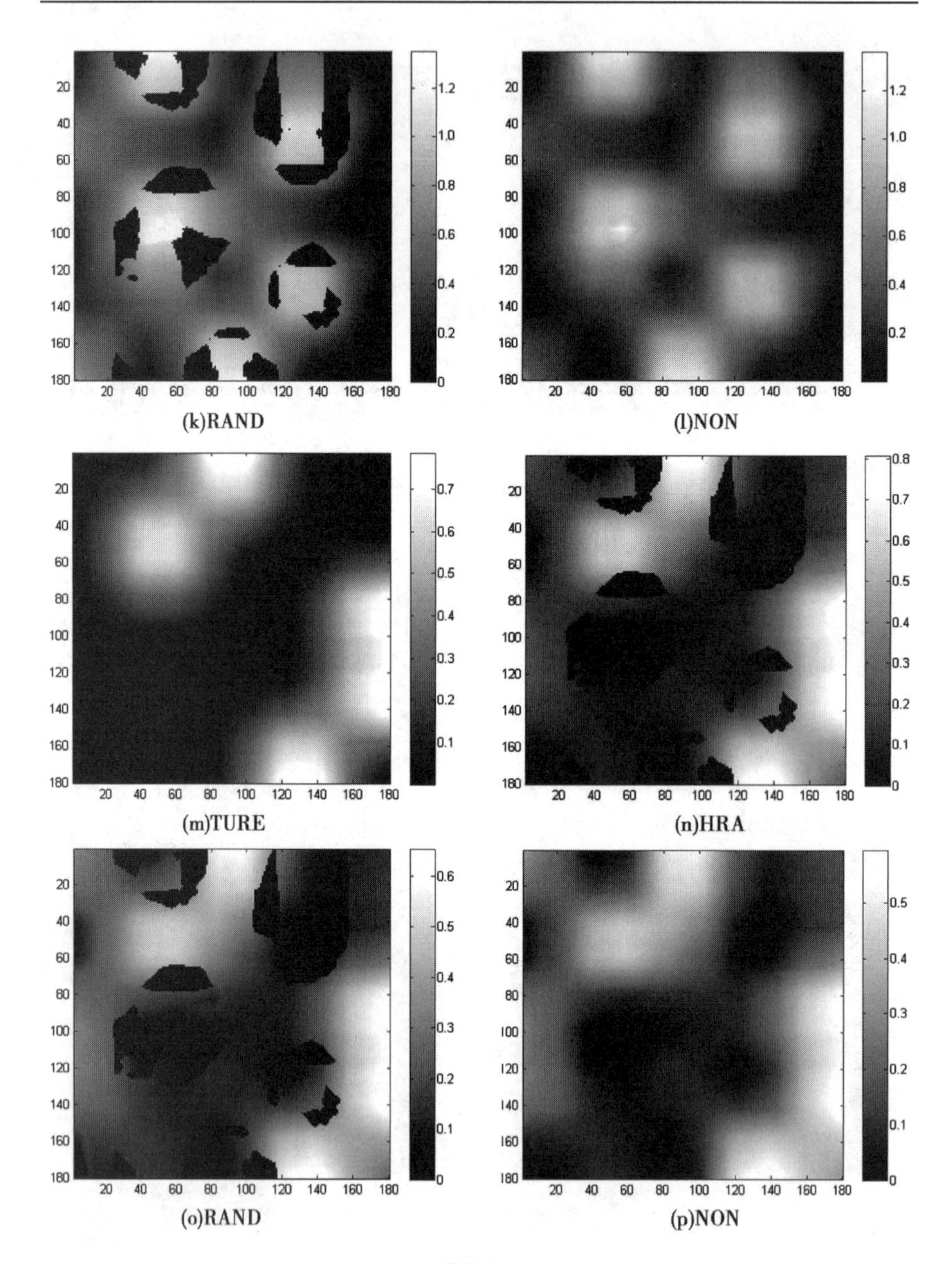

续图 5-4

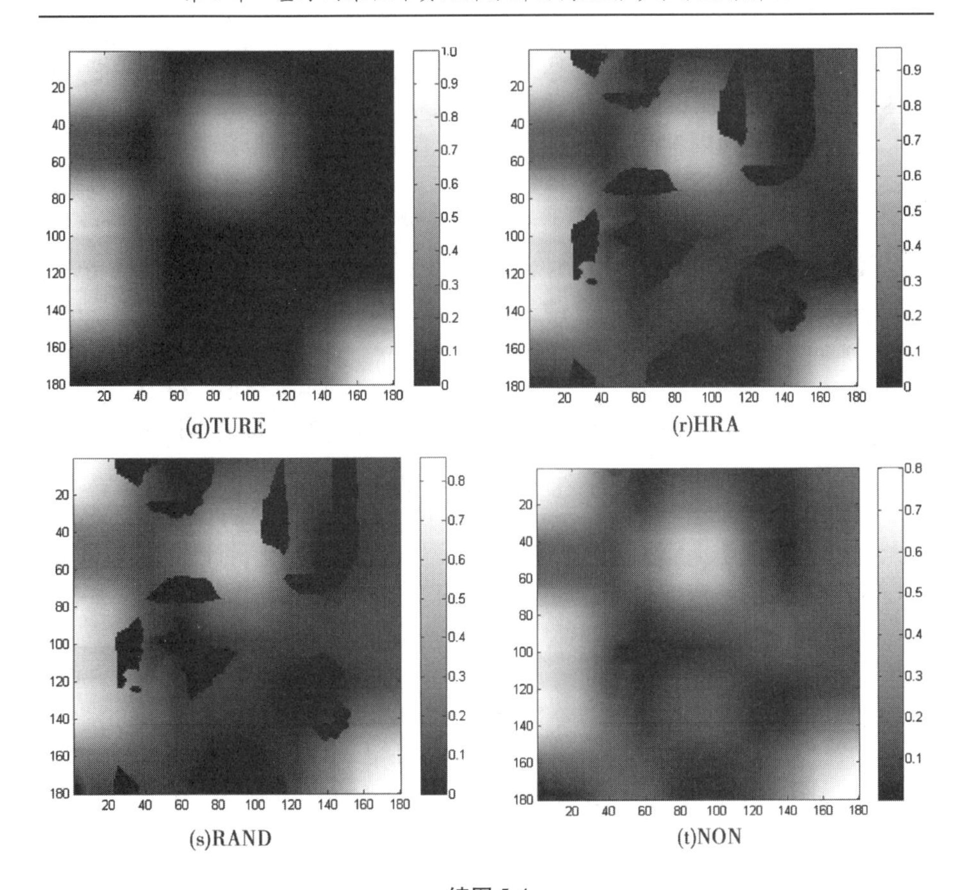

(q)TURE　(r)HRA　(s)RAND　(t)NON

续图 5-4

表 5-1　HRA、RAND、NON 方式下 CNMF 方法非监督解混结果定量分析

CNMF	SPM	SAD	ED	SCM	SID	RMSE
HRA	1.435 5E −03	5.797 6E −02	2.867 4E +00	1.070 7E −02	1.447 1E −02	8.636 3E −02
RAND	6.279 0E −03	1.097 0E −01	3.247 8E +00	3.561 6E −02	4.499 4E −02	1.313 6E −01
NON	4.451 0E −03	1.045 9E −01	2.695 9E +00	3.538 3E −02	3.750 1E −02	1.234 8E −01

由此可得第一个结论:本书所提出的 CNMF 方法是有效的。

比较来看,HRA 方式下的 CNMF 非监督解混结果更为突出,如所得端元光谱和真实端元光谱定量分析结果中 SPM、SAD、SCM 和 SID 都取得最小值,分别为 1.435 5E −03、5.797 6E −02、1.070 7E −02 和 1.447 1E −02;所得端元丰度和真实端元丰度的 RMSE 值也最小,为 8.636 3E −02;说明在解混迭代过程开始时，基于影像同质区代表光谱进行端元光谱初始化，平滑约束中受影像同质区空间限制，可以提高解混结果有效性。

实验2：各种约束 NMF 方法在不同噪声情况下的有效性分析。在仿真影像生成过程中的加噪阶段，使得 SNR 分别为 20 dB、40 dB、60 dB、80 dB 和 100 dB。在不同 SNR 水平情况下，对比 CNMF、SM_NMF、L1_NMF 和 L1/2_NMF 的有效性。其中，SM_NMF 为具有平滑性约束和 ASC 约束下的非负矩阵分解方法；SM_NMF和 CNMF 中的平滑约束都受影像同质区空间限制；L1_NMF 是指丰度 1 范数的稀疏约束和 ASC 约束下的 NMF 方法（Hoyer, 2004; Zare, 2008），其目标函数、迭代规则见式（5-10）、式（5-12）和式（5-13）（其中 q 值取 1）；L1/2_NMF 是丰度 1/2 范数的稀疏约束和 ASC 约束下的 NMF 方法（Qian, 2011），其目标函数、迭代规则见式（5-10）、式（5-12）和式（5-13）（其中 q 值取 1）。

参数设置方面，各 NMF 方法中具有相同意义的参数值设置相同；其中，端元光谱和端元丰度以影像同质区代表光谱方式进行初始化，稀疏约束参数 θ、ASC 约束参数 δ、平滑窗口 w、迭代次数 iterNum 分别设置 0.05、1、3 和 6 000（以下实验中各参数设置方法不另加说明时皆与此相同）。

各种方法所得端元光谱和真实端元光谱间相似性定量分析的 SPM、SAD、ED、SCM 和 SID 结果值见表 5-2 ~ 表 5-6；所得端元丰度和真实端元丰度 RMSE 定量分析结果值见表 5-7。相关结果可视化方式见图 5-5。

表 5-2　不同 SNR 时各种 NMF 非监督解混所得端元光谱定量分析 SPM 值

SNR(dB)	20	40	60	80	100
CNMF	1.246 0E-02	7.994 1E-03	2.781 5E-03	2.493 8E-02	2.492 9E-02
SM_NMF	1.917 3E-02	9.980 3E-03	6.499 5E-03	3.477 9E-02	3.477 2E-02
L1_NMF	8.963 4E-02	3.777 6E-02	2.823 3E-02	1.472 1E-01	1.472 0E-01
L1/2_NMF	1.968 8E-01	-2.355 6E-02	-1.208 4E-01	3.628 1E-02	3.668 3E-02

表 5-3　不同 SNR 时各种 NMF 非监督解混所得端元光谱定量分析 SAD 值

SNR(dB)	20	40	60	80	100
CNMF	1.228 0E-01	1.351 3E-01	1.106 7E-01	1.986 0E-01	1.985 9E-01
SM_NMF	1.767 1E-01	1.361 5E-01	1.102 8E-01	1.932 7E-01	1.932 7E-01
L1_NMF	1.815 8E-01	1.366 8E-01	1.091 3E-01	2.644 3E-01	2.644 3E-01
L1/2_NMF	1.418 8E-01	1.002 0E-01	1.258 7E-01	1.133 7E-01	1.133 8E-01

表 5-4　不同 SNR 时各种 NMF 非监督解混所得端元光谱定量分析 ED 值

SNR(dB)	20	40	60	80	100
CNMF	3.280 5E +00	2.461 9E +00	2.269 2E +00	2.872 7E +00	2.872 5E +00
SM_NMF	3.647 4E +00	2.722 2E +00	1.992 2E +00	3.596 9E +00	3.597 0E +00
L1_NMF	1.467 2E +01	1.372 8E +01	1.429 4E +01	1.452 1E +01	1.452 1E +01
L1/2_NMF	1.535 5E +02	1.423 7E +02	1.320 0E +02	1.472 2E +02	1.472 3E +02

表 5-5　不同 SNR 时各种 NMF 非监督解混所得端元光谱定量分析 SCM 值

SNR(dB)	20	40	60	80	100
CNMF	2.469 8E -02	2.685 6E -02	1.634 9E -02	8.189 0E -02	8.187 0E -02
SM_NMF	9.324 4E -02	5.400 3E -02	2.640 6E -02	1.322 3E -01	1.322 2E -01
L1_NMF	9.588 2E -02	5.107 5E -02	2.673 6E -02	1.518 4E -01	1.518 3E -01
L1/2_NMF	2.877 0E -02	2.210 0E -02	1.647 0E -02	2.884 8E -02	2.884 8E -02

注:SCM 值已通过式(1 - SCM)/2 转化,值越小,表示所得端元光谱和真实端元光谱越相似。

表 5-6　不同 SNR 时各种 NMF 非监督解混所得端元光谱定量分析 SID 值

SNR(dB)	20	40	60	80	100
CNMF	7.049 7E -02	5.996 9E -02	3.459 1E -02	1.415 4E -01	1.415 2E -01
SM_NMF	8.904 5E -02	5.751 3E -02	4.749 8E -02	1.185 6E -01	1.185 6E -01
L1_NMF	1.089 6E -01	6.664 1E -02	5.394 4E -02	2.394 8E -01	2.394 6E -01
L1/2_NMF	4.218 0E -01	5.371 0E -02	4.893 9E -02	4.213 1E -02	4.213 9E -02

表 5-7　不同 SNR 时各种 NMF 非监督解混所得端元光谱定量分析 RMSE 值

SNR(dB)	20	40	60	80	100
CNMF	1.240 6E -01	9.474 9E -02	7.639 3E -02	1.288 4E -01	1.288 4E -01
SM_NMF	1.392 2E -01	1.118 2E -01	7.903 6E -02	1.669 7E -01	1.669 8E -01
L1_NMF	1.899 0E -01	1.786 4E -01	1.765 8E -01	1.931 4E -01	1.931 4E -01
L1/2_NMF	2.466 8E -01	2.466 4E -01	2.439 8E -01	2.480 1E -01	2.480 1E -01

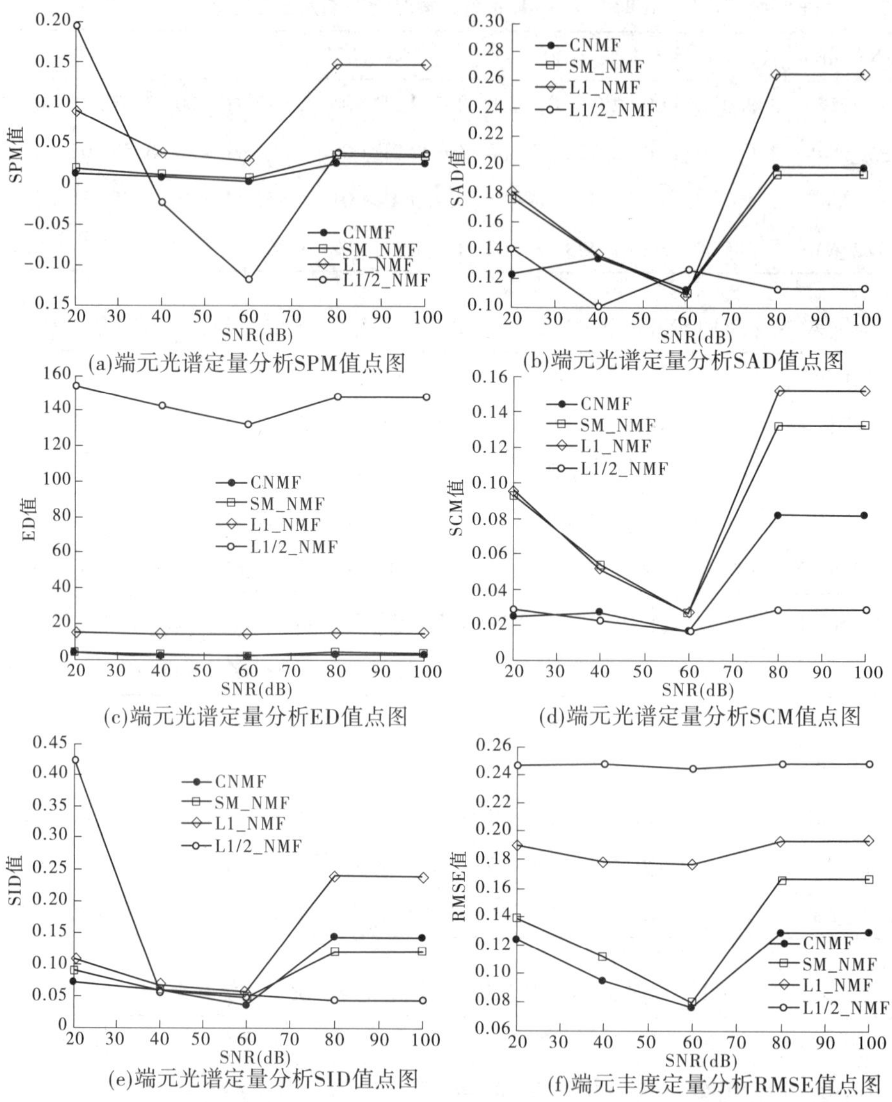

(a)端元光谱定量分析SPM值点图　(b)端元光谱定量分析SAD值点图

(c)端元光谱定量分析ED值点图　(d)端元光谱定量分析SCM值点图

(e)端元光谱定量分析SID值点图　(f)端元丰度定量分析RMSE值点图

注: * (a)中 L1/2_NMF 的 SPM 值中有负值出现,说明此时其解混所得端元光谱数据值有大量大于 1 的情况出现;这在(c)中出现远大于 1 的 ED 值,也可表现出来。

图 5-5　各种 NMF 方法解混结果定量分析值可视化点图

分析 1:各种方法的有效性比较——解混所得端元光谱和真实端元光谱相似性分析。由解混结果定量分析值的各表和各图可见,在光谱相似性测度 SPM 值、ED 值中, CNMF 和 SM_NMF 方法对应的值较小,即表示其解混所得端元光谱和真实端元光谱更为相似;L1/2_NMF 方法解混所得端元光谱和真实的端元光谱总体上具有较小的光谱角[见图5-5(b)]和较大的相似测度[见图5-5(d)]。另外,由图5-5(c)ED值可见,L1_NMF和L1/2_NMF解混所得端元光谱含有大量的大于1的值,这点可由图5-6进行说明,即当SNR值为60时各种NMF方法解混所得所有端元光谱值的直方图。由图5-6中解混所得所有端元光谱值的直方图可见,L1_NMF所提取端元光谱值有一多半大于1[见图5-6(c)],L1/2_NMF所提取端元光谱值大部分大于1[见图5-6(d)]。

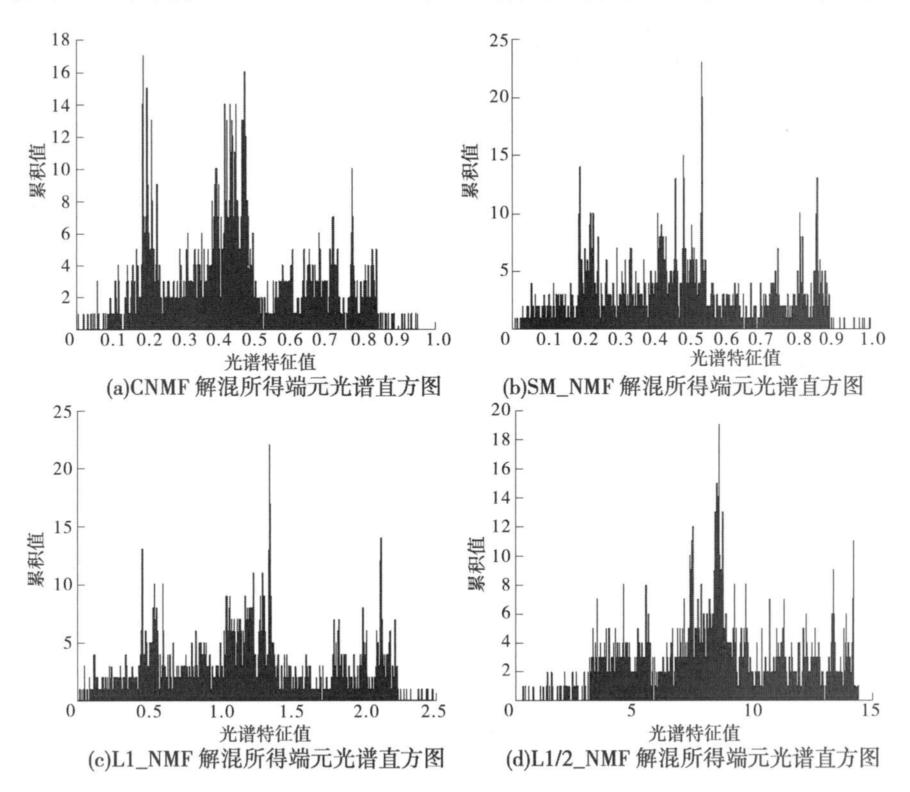

注:各图横坐标范围不一致,反映了各种方法解混所得端元光谱值的分布区间不同。

图5-6　SNR值为60时各种NMF解混所得端元光谱所有值的直方图

由此可得,从解混所得端元光谱和真实端元光谱相似性上分析,CNMF和SM_NMF方法总体上占优;L1/2_NMF次之。

分析2:各种方法间有效性比较——解混所得端元丰度的RMSE值分析。由表5-8和图5-5(f)可见,四种方法中CNMF和SM_NMF具有较低的端元丰度RMSE值,其中具有稀疏性和平滑性约束的CNMF表现最好。

表 5-8　不同掩膜尺寸时各种方法所得端元光谱定量分析 SPM 值

尺寸	20	30	40	50	60
CNMF	4.363 5E - 04	1.110 6E - 03	1.493 8E - 03	2.781 2E - 03	6.438 8E - 03
SP_NMF	5.295 5E - 04	1.116 8E - 03	1.496 0E - 03	2.775 7E - 03	6.424 7E - 03
ASC_NMF	4.736 0E - 03	4.732 5E - 03	5.548 3E - 03	6.510 2E - 03	1.299 0E - 02
HREE	1.313 9E - 05	1.858 1E - 03	9.421 4E - 03	1.333 6E - 02	1.745 0E - 02

分析 3:各种方法有效性受 SNR 的影响。由图 5-5 可见,解混所得端元有效性方面,对于 L1/2_NMF 的 SCM 值而言,随着 SNR 值增大而降低,即噪声降低的时候,解混所得端元和真实端元光谱在相似系数意义上更为相似;对其他各种方法而言,无论是解混所得端元有效性,还是端元丰度 RMSE 值,都没有一致的规律,即各种方法的有效性受 SNR 影响较小。

实验 3:CNMF 和其他几种方法在不同掩膜模板情况下的有效性分析。在仿真影像生成过程中的掩膜处理阶段,使得窗口大小分别为 20、30、40、50 和 60。在不同掩膜大小即像元混合不同的度情况下,对比 CNMF、SP_NMF、ASC_NMF 和 HREE 的有效性。其中,CNMF 中的平滑约束都受影像同质区空间限制;SP_NMF(Pascual - Montano, 2006)为具有稀疏性约束的非负矩阵分解方法,实验中以式(5-22)为目标函数;ASC_NMF 具有“和为 1”约束下的 NMF 方法,其目标函数、迭代规则见式(5-10)、式(5-23)和式(5-24)(其中 q 值取 0)。HREE 方法提取端元光谱后,基于 FCLS(Heinz, 2001)获取影像端元对应的丰度值。

各种方法所得端元光谱和真实端元光谱间相似性定量分析的 SPM、SAD、ED、SCM 和 SID 结果值见表 5-8 ~ 表 5-12;所得端元丰度和真实端元丰度 RMSE 定量分析结果值见表 5-13。相关结果可视化方式见图 5-7。

表 5-9　不同掩膜尺寸时各种方法所得端元光谱定量分析 SAD 值

尺寸	20	30	40	50	60
CNMF	3.156 4E - 02	4.345 1E - 02	7.523 3E - 02	1.106 8E - 01	1.391 0E - 01
SP_NMF	3.153 4E - 02	4.290 4E - 02	7.511 3E - 02	1.106 2E - 01	1.390 3E - 01
ASC_NMF	8.336 4E - 02	9.989 3E - 02	1.025 6E - 01	1.104 3E - 01	1.594 6E - 01
HREE	9.085 5E - 03	8.257 3E - 02	1.021 4E - 01	1.201 8E - 01	1.459 8E - 01

表 5-10　不同掩膜尺寸时各种方法所得端元光谱定量分析 ED 值

尺寸	20	30	40	50	60
CNMF	4.614 4E+00	3.425 5E+00	2.353 8E+00	2.269 5E+00	2.430 5E+00
SP_NMF	5.151 0E+00	3.524 6E+00	2.378 6E+00	2.277 1E+00	2.432 4E+00
ASC_NMF	1.491 7E+00	1.743 9E+00	1.884 4E+00	1.993 2E+00	2.339 1E+00
HREE	5.606 8E-01	1.435 9E+00	1.664 9E+00	2.024 2E+00	2.367 2E+00

表 5-11　不同掩膜尺寸时各种方法所得端元光谱定量分析 SCM 值

尺寸	20	30	40	50	60
CNMF	1.795 6E-03	3.940 9E-03	6.270 8E-03	1.636 9E-02	4.021 5E-02
SP_NMF	1.459 4E-03	3.816 7E-03	6.214 1E-03	1.632 6E-02	4.017 2E-02
ASC_NMF	1.406 4E-02	1.384 3E-02	2.035 9E-02	2.643 5E-02	4.600 0E-02
HREE	1.628 7E-04	1.206 7E-02	5.315 9E-03	1.007 9E-02	1.957 2E-02

表 5-12　不同掩膜尺寸时各种方法所得端元光谱定量分析 SID 值

尺寸	20	30	40	50	60
CNMF	2.892 2E-03	9.059 2E-03	2.059 2E-02	3.457 9E-02	5.286 7E-02
SP_NMF	3.343 0E-03	9.007 3E-03	2.056 8E-02	3.454 7E-02	5.281 1E-02
ASC_NMF	5.619 2E-02	5.905 9E-02	4.725 6E-02	4.759 2E-02	8.521 7E-02
HREE	4.216 9E-04	2.311 6E-02	6.196 1E-02	7.517 9E-02	9.039 7E-02

表 5-13　不同掩膜尺寸时各种方法所得端元光谱定量分析 RMSE 值

尺寸	20	30	40	50	60
CNMF	2.036 1E-01	1.025 2E-01	7.837 4E-02	7.638 7E-02	7.041 3E-02
SP_NMF	2.546 7E-01	1.066 2E-01	7.861 5E-02	7.647 5E-02	7.040 4E-02
ASC_NMF	8.130 7E-02	9.146 0E-02	9.015 7E-02	7.907 3E-02	7.714 5E-02
HREE	9.049 1E-02	1.281 3E-01	1.439 4E-01	1.246 4E-01	1.675 9E-01

分析 1:各种方法的有效性比较——分解所得端元光谱和真实端元光谱间的相似性分析。

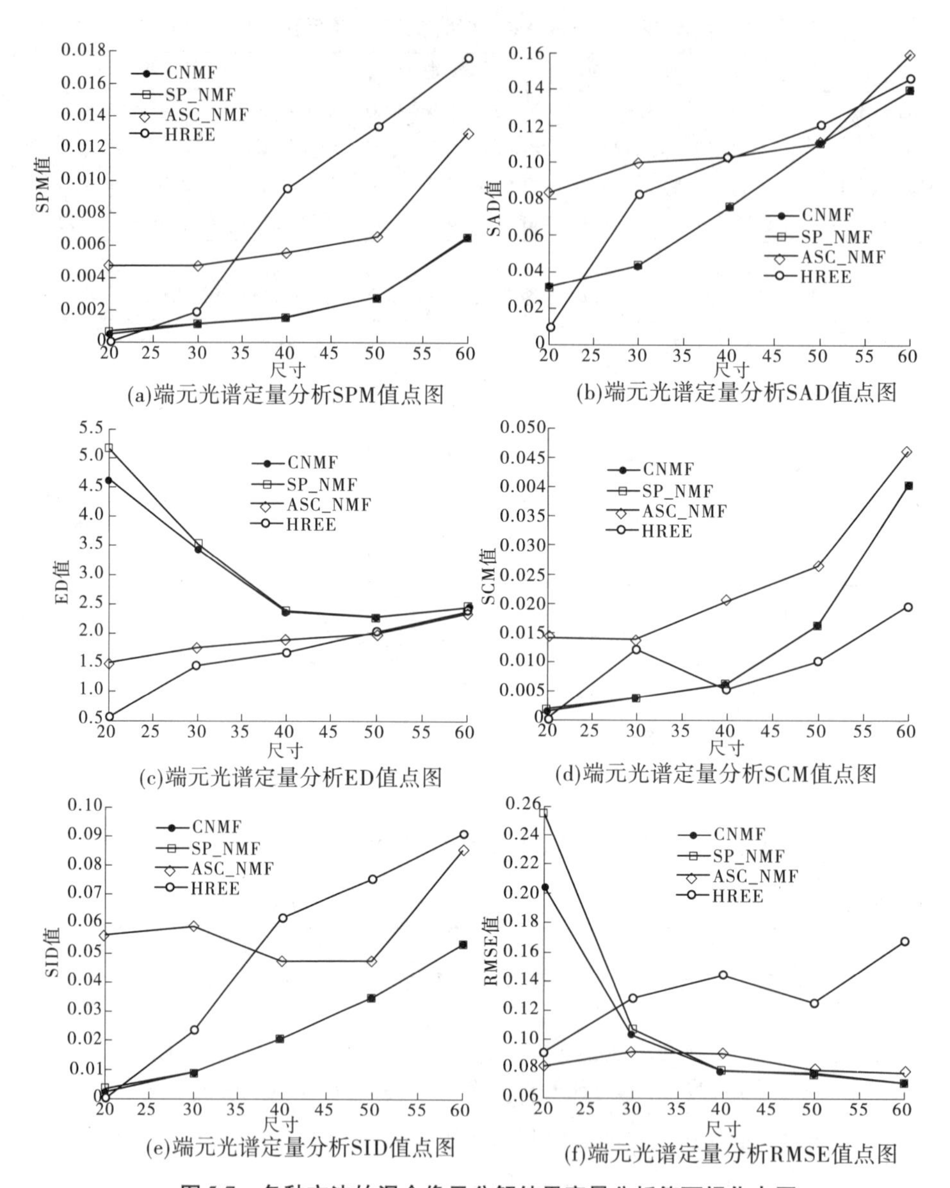

(a)端元光谱定量分析SPM值点图　(b)端元光谱定量分析SAD值点图

(c)端元光谱定量分析ED值点图　(d)端元光谱定量分析SCM值点图

(e)端元光谱定量分析SID值点图　(f)端元光谱定量分析RMSE值点图

图 5-7　各种方法的混合像元分解结果定量分析值可视化点图

(1)HREE 和其他三种 NMF 对比:由表 5-8 ~ 表 5-12 和图 5-7(a) ~ (e)可见,当仿真影像生成过程中掩膜尺寸为 20 时,HREE 方法所提取的端元光谱有效性定量分析中,在各种光谱相似性测度下都远小于 CNMF、SP_NMF 和 ASC_NMF 三种非负矩阵分解方法解混所得的端元光谱有效性测度值,如在

SPM 值上,HREE 对应的为1.313 9E－05,CNMF、SP_NMF 和 ASC_NMF 三种方法对应的分析结果值分别为4.363 5E－04、5.295 5E－04 和4.736 0E－03。当掩膜窗口继续增大,其值为30、40、50 和60 时,CNMF 和 SP_NMF 解混所得的端元光谱准确度定量分析上,在 SPM、SID 上都小于 HREE 方法。

(2)CNMF、SP_NMF 和 ASC_NMF 对比:由表5-9～表5-13 和图5-7 可见,对于大部分光谱相似性测度(SPM、SAD、SCM 和 SID),含有平滑和稀疏约束的 CNMF 和含有稀疏约束的 SP_NMF 比只含有"和为1"约束的 ASC_NMF 方法解混所得端元光谱要更为有效(在 ED 测度上,ASC_NMF 更为有效)。

(3)CNMF 和 SP_NMF 之间对比:由表5-9～表5-13 和图5-7 可见,这两种方法获取端元光谱的有效性分析结果值较为相似,然而 CNMF 在测度 SPM 和 ED 上更为有效,而 SP_NMF 在其他三种测度上稍占优势。

总结,即总体上 CNMF 和 SP_NMF 两种方法解混所得端元光谱最为有效,HREE 方法在掩膜尺寸为20 时获得最为精确的端元光谱。

分析2:各种方法间有效性比较——分解所得端元丰度的 RMSE 值分析。由表5-13 和图5-7(f)可见:

(1)HREE 方法在掩膜尺寸为20 时,基于 FCLS 获得较为精确的端元丰度,而当掩膜尺寸大于或等于30 时,在四种方法中获得的端元丰度精度最低。

(2)ASC_NMF 方法在掩膜尺寸为20 和30 时,解混所得端元丰度好于 CNMF 和 SP_NMF,但随掩膜尺寸继续增大,其所得端元丰度的精度低于 CNMF 和 SP_NMF。

(3)CNMF 和 SP_NMF 端元丰度反演结果较为相似,但拥有丰度平滑性约束的 CNMF 端元丰度反演结果好于没有丰度平滑性约束的 SP_NMF;也可以说,因平滑性约束的加入,提高了非负矩阵分解方法端元丰度反演的精度。

分析3:各种方法有效性受掩膜尺寸的影响。由表5-8～表5-13 和图5-7 可见:

(1)对于 HREE 方法,随着掩膜尺寸增大,即像元光谱混合情况加重,其提取的端元光谱有效性和端元丰度反演精度急剧降低。这点和第4 章中相关实验分析结果相同。可见,HREE 方法所提取的端元光谱有效性与影像光谱混合情况十分相关,当影像中不含有纯净像元时,其所提取的端元光谱有效性会明显降低。

(2)对于 ASC_NMF 方法,随着掩膜尺寸增大,各种光谱相似性测度值不同程度地升高,即其解混所得的端元光谱有效性明显降低;而其所得的端元丰度的精度上没有明显的规律性变化。

(3)CNMF 和 SP_NMF 两种方法,随着掩膜尺寸增大,大多光谱相似性测度值有不同程度的升高(测度 ED 除外),即其解混所得的端元光谱有效性也有所降低,这点和 ASC_NMF 表现一致。这两种方法解混所得端元丰度的 RMSE 值随着掩膜尺寸增大而降低,即在丰度平滑性和稀疏性约束下的非负矩阵分解方法在光谱混合更为严重的情况下,也可以获得较好的端元丰度反演精度;这点与 ASC_NMF 表现不同,在此也验证了丰度平滑性和丰度稀疏性约束的作用,即提高了端元丰度反演精度。

5.4.2　基于真实高光谱影像的实验

本实验中选取的真实高光谱影像是于 1992 年 6 月基于 AVIRIS 传感器、机载模式获取的,位置是美国印第安纳州(Indiana)西北部印第安(Indian)遥感实验区的一部分,主要是植被覆盖区,本书称之为 Indian 影像。该影像光谱范围为 0.4 ~2.5 nu,共 224 个光谱波段,空间分辨率为 20 m 左右,每个波段影像的大小为 145 ×145,每个像元 16 bits。图 5-8(a)为其高光谱影像彩色合成 3D 图,图 5-8(b)为其真实地物调查图。本书剔除受水汽和其他噪声影响较大的 1 ~4、103 ~110、149 ~165、217 ~224 等共 37 个波段,并基于剩余的 187 个波段进行实验。数据分析之前,除以 10 000,使其反射率位于[0,1]。

(a) Indian影像

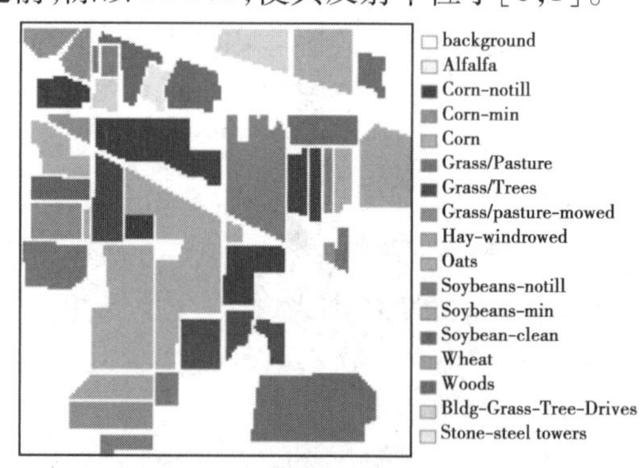

(b) Indian影像地物调查图

图 5-8　Indian 高光谱影像信息

分别基于 CNMF、SM_NMF、SP_NMF 和 HREE(本书第 4 章提出的端元自动提取方法,端元丰度基于 FCLS 方法进行反演)方法进行对比实验,平滑约束不受影像同质区限制,对端元数据矩阵和丰度数据矩阵通过[0,1]随机赋值方式初始化。基于 VD 进行端元个数估计,并结合影像地物调查图,设端元数目为20。各种NMF方法非监督分解结果中各端元丰度图见图5-9。相应的端元光谱曲线图见图5-10。以各种方法得到的端元丰度和端元光谱重新组建影像,和原始影像进行对比分析,以各地物覆盖类型为单位的RMSE定量分析结果见表5-14。

对比端元光谱图和地物调查图可初步估计出端元光谱的属性信息(见图5-9),反过来可通过各端元的影像空间分布重新审视各地物覆盖区,可见各地物覆盖区含有的地物种类并不唯一,一般含有多种地物信息,即所含像元多为混合像元,这也一定程度上解释了一个现象,即虽然高光谱影像含有丰富的光谱信息,但以像元为单位的分类精度仍然具有很强的局限性(陶建斌,2010;沈照庆,2010)。

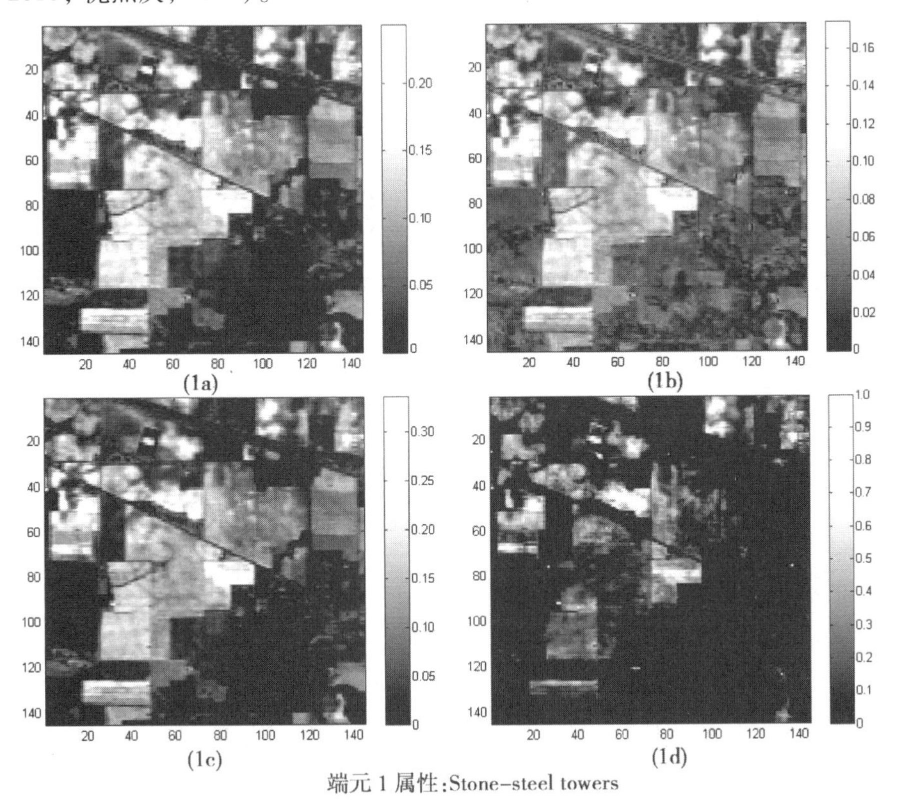

端元1属性:Stone-steel towers

注:1~20分别为端元1~20对应的丰度图;a、b、c和d分别表示CNMF方法、SM_NMF方法、SP_NMF方法和HREE方法非监督解混所得的端元丰度图;端元属性为对比端元丰度分布情况(颜色越白表示该端元的存在比例越高)和地物调查图分布情况而进行的估计结果。

图5-9　端元丰度图

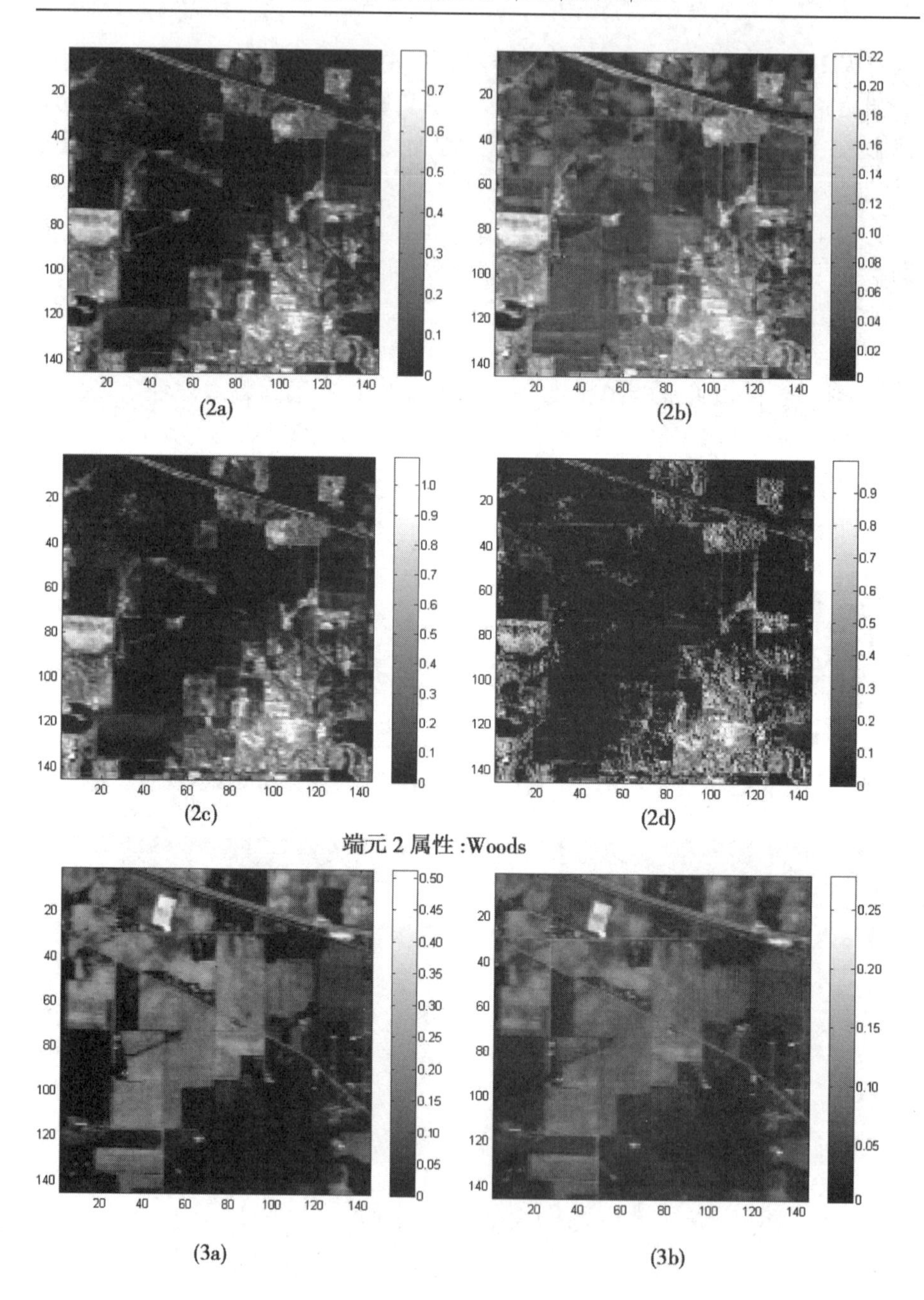

续图 5-9

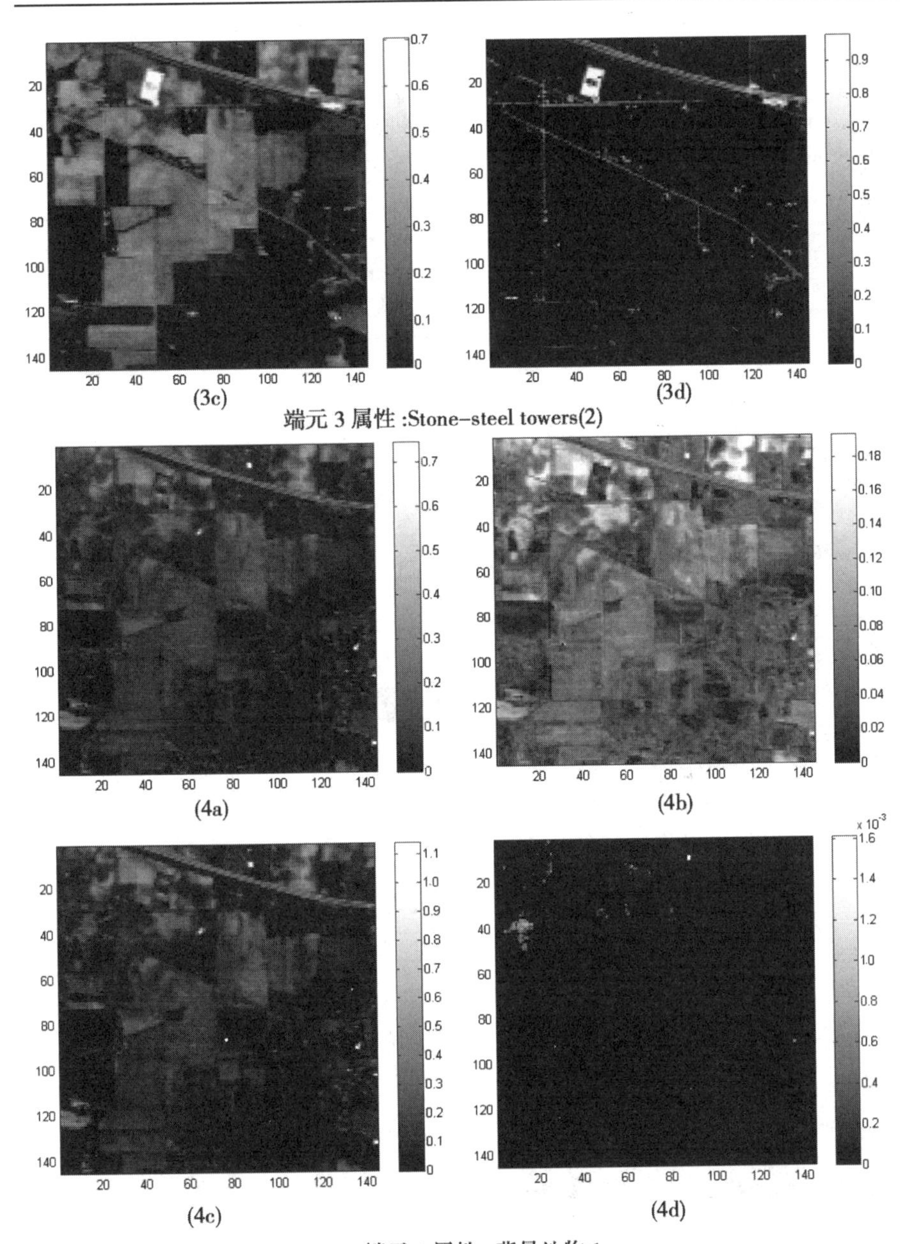

(3c)　(3d)

端元 3 属性 :Stone-steel towers(2)

(4a)　(4b)

(4c)　(4d)

端元 4 属性 : 背景地物 1

续图 5-9

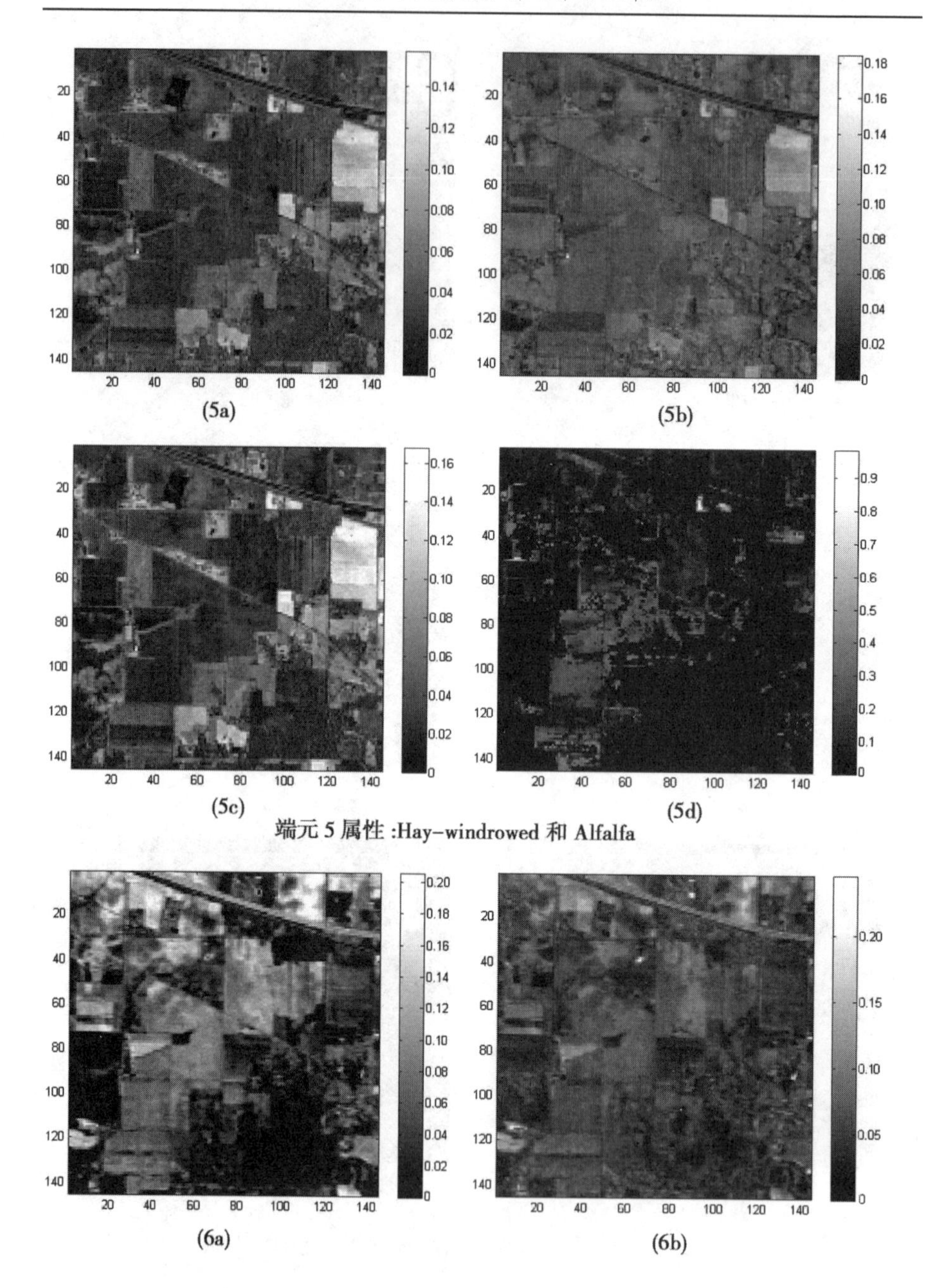

(5a)　(5b)

(5c)　(5d)

端元 5 属性 :Hay-windrowed 和 Alfalfa

(6a)　(6b)

续图 5-9

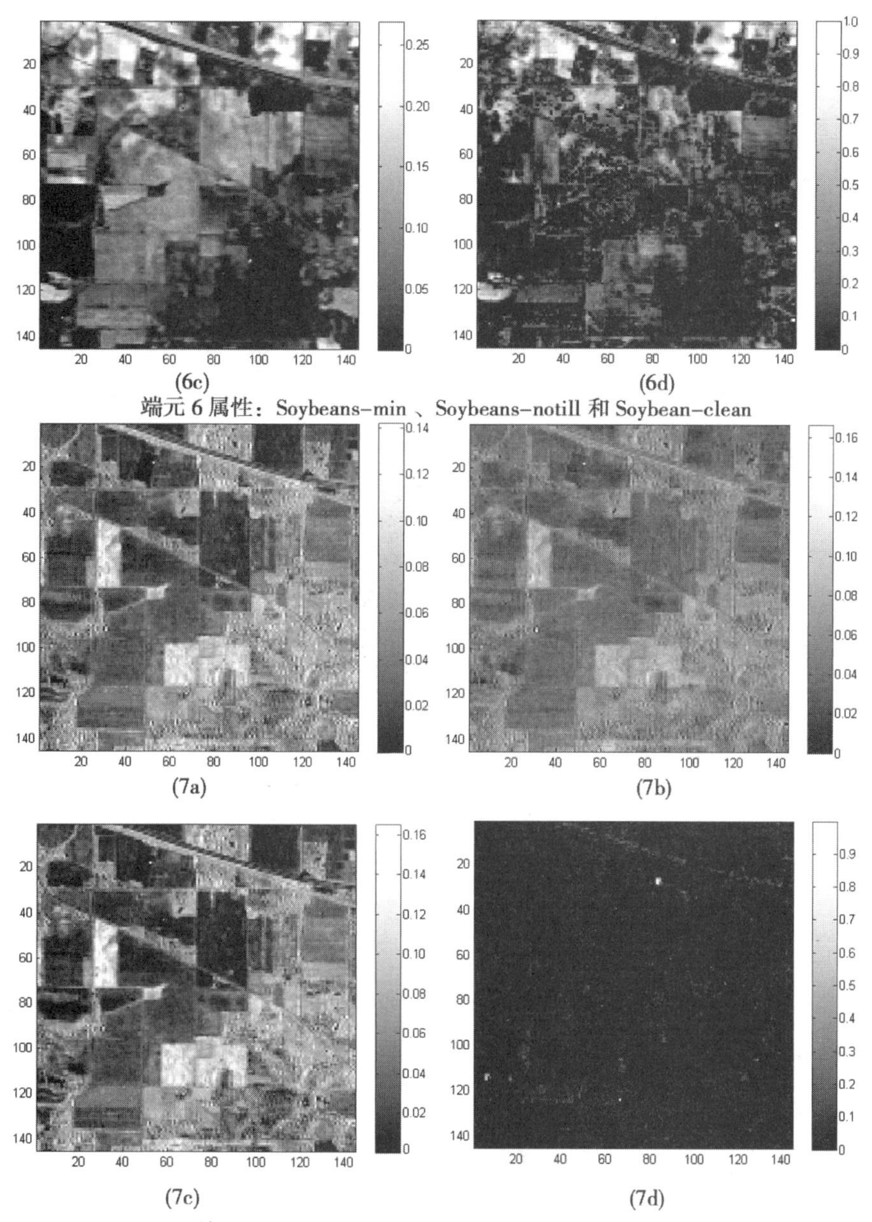

端元 6 属性：Soybeans-min 、Soybeans-notill 和 Soybean-clean

端元 7 属性：Grass/Trees（7d，应为背景地物）

续图 5-9

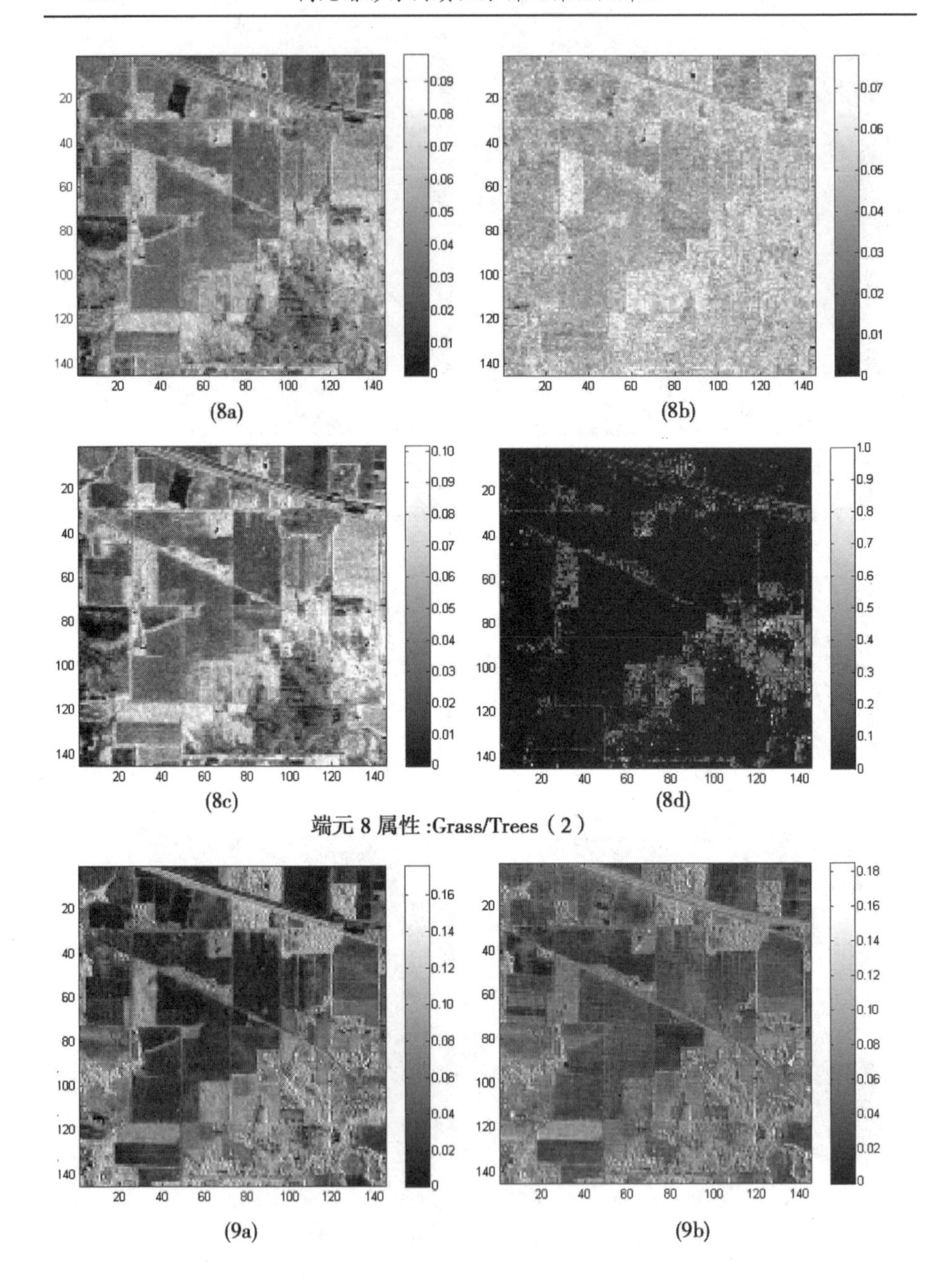

(8a)　(8b)

(8c)　(8d)

端元 8 属性 :Grass/Trees（2）

(9a)　(9b)

续图 5-9

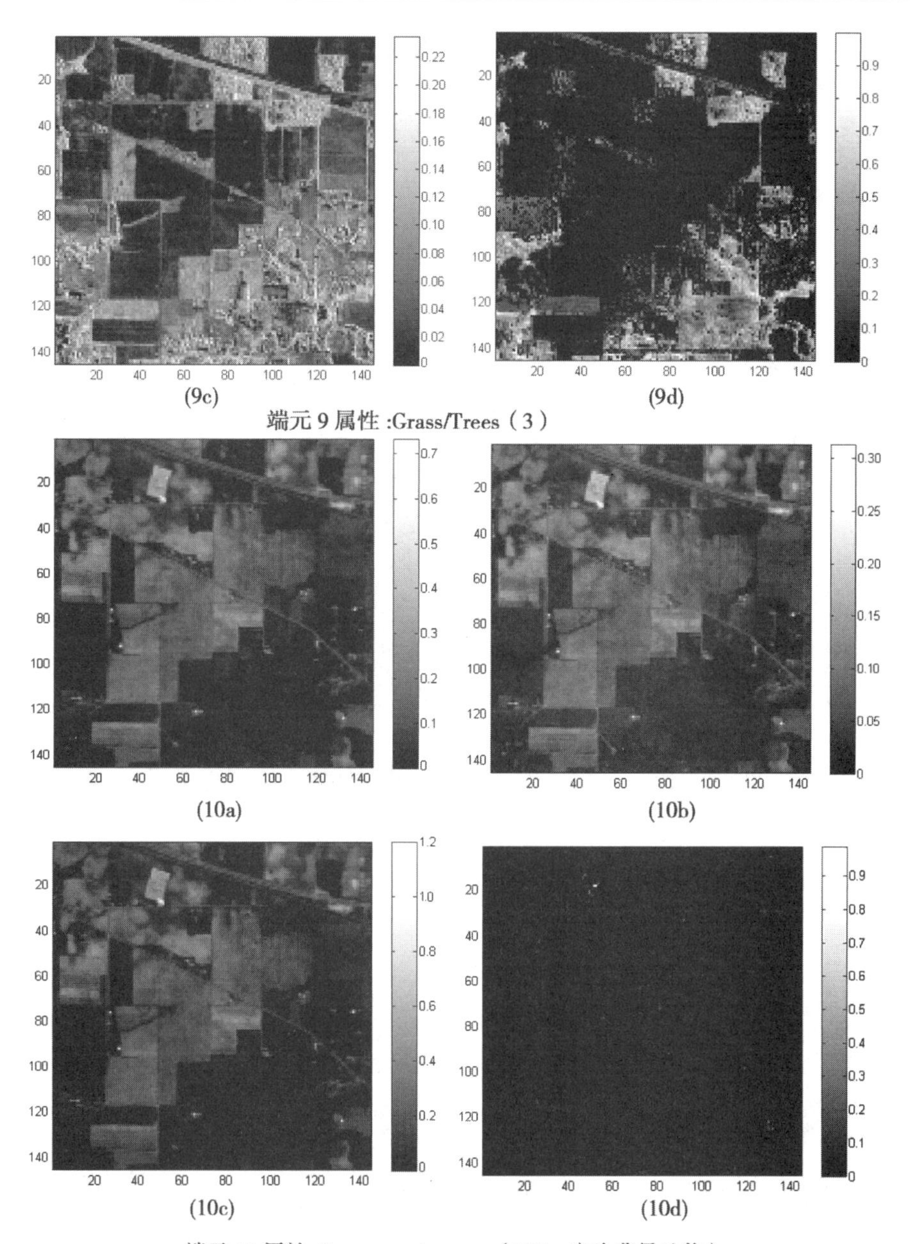

(9c) (9d)

端元 9 属性 :Grass/Trees（3）

(10a) (10b)

(10c) (10d)

端元 10 属性 :Stone–steel towers（10d，应为背景地物）

续图 5-9

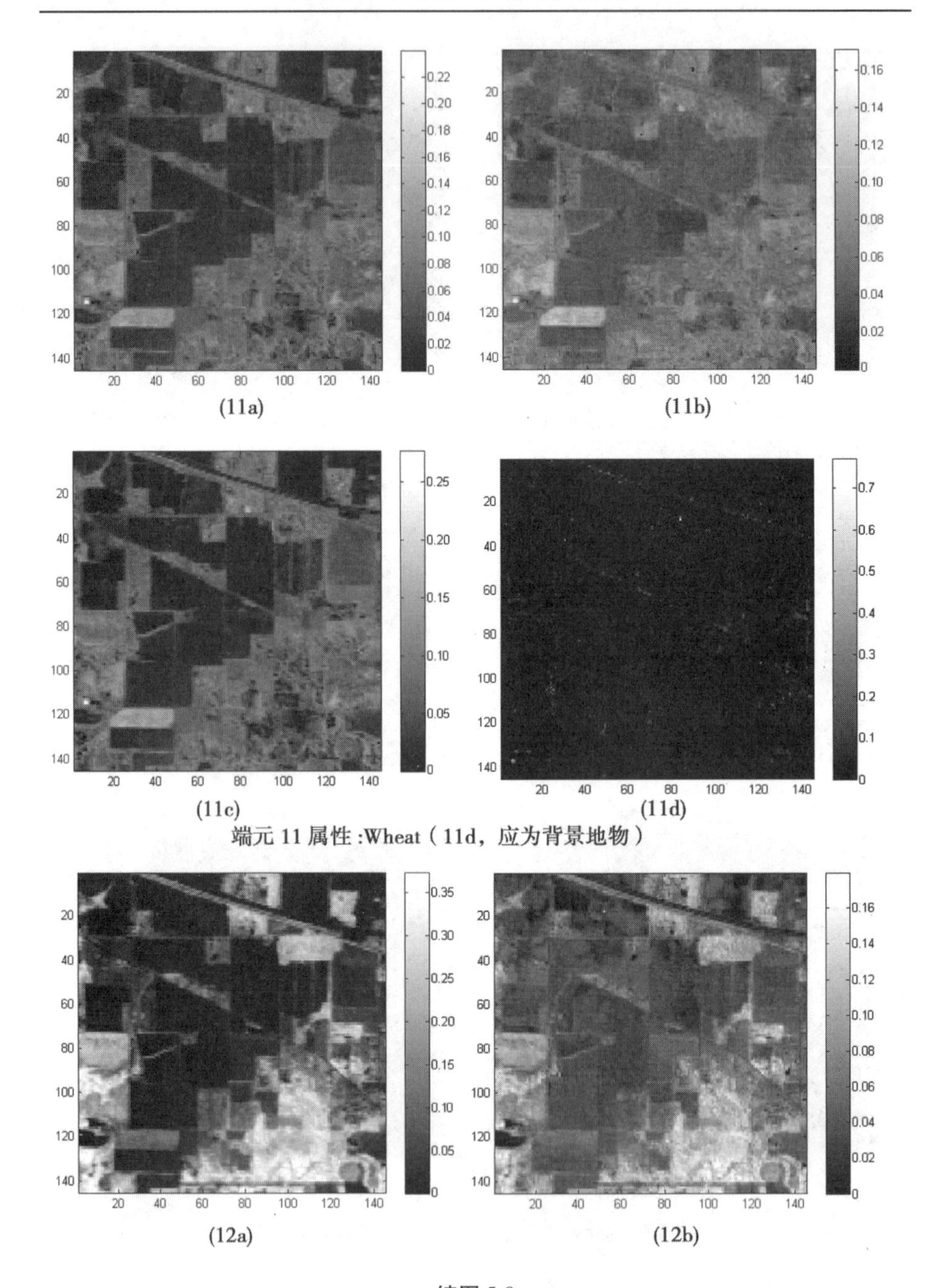

(11a)　(11b)

(11c)　(11d)

端元 11 属性:Wheat（11d，应为背景地物）

(12a)　(12b)

续图 5-9

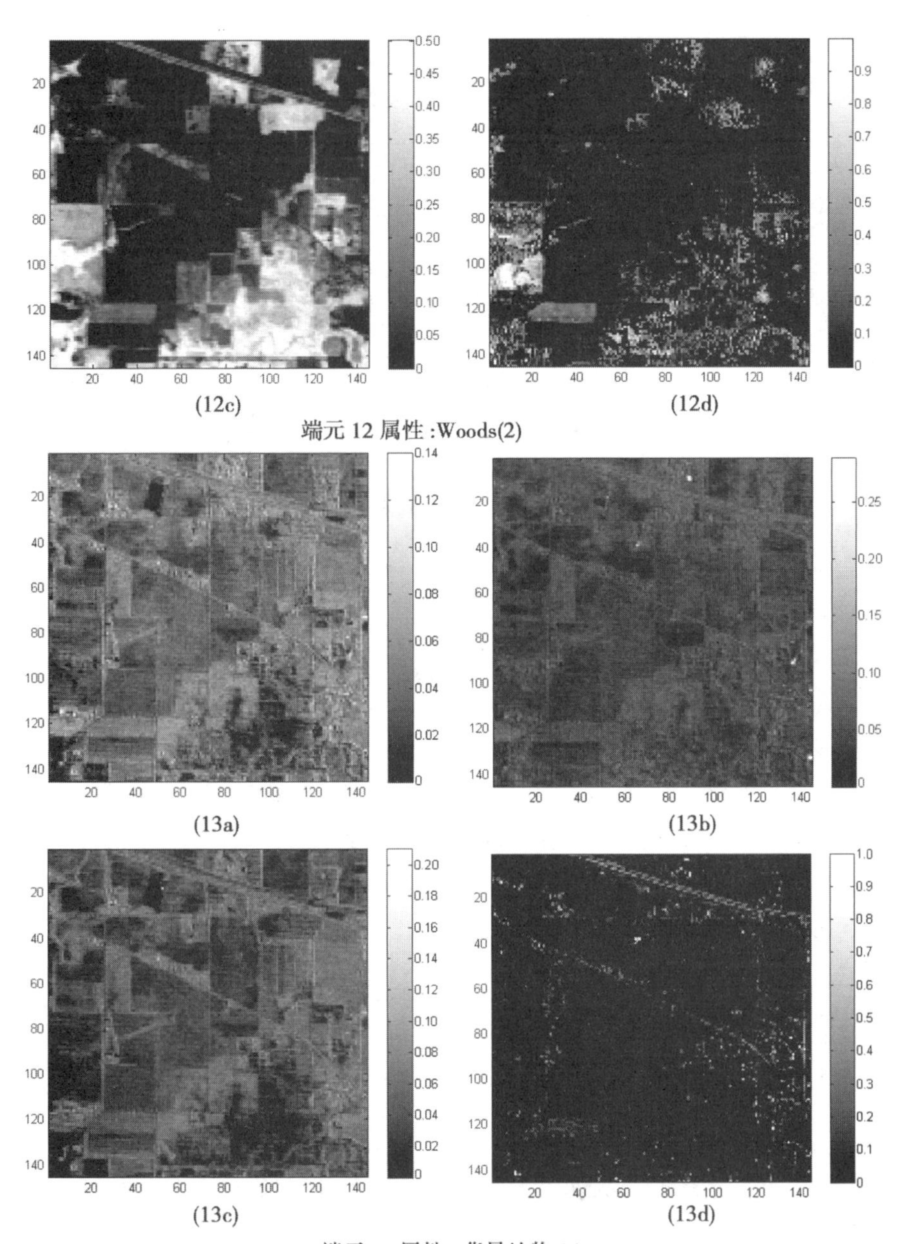

(12c)　(12d)

端元 12 属性:Woods(2)

(13a)　(13b)

(13c)　(13d)

端元 13 属性:背景地物 (2)

续图 5-9

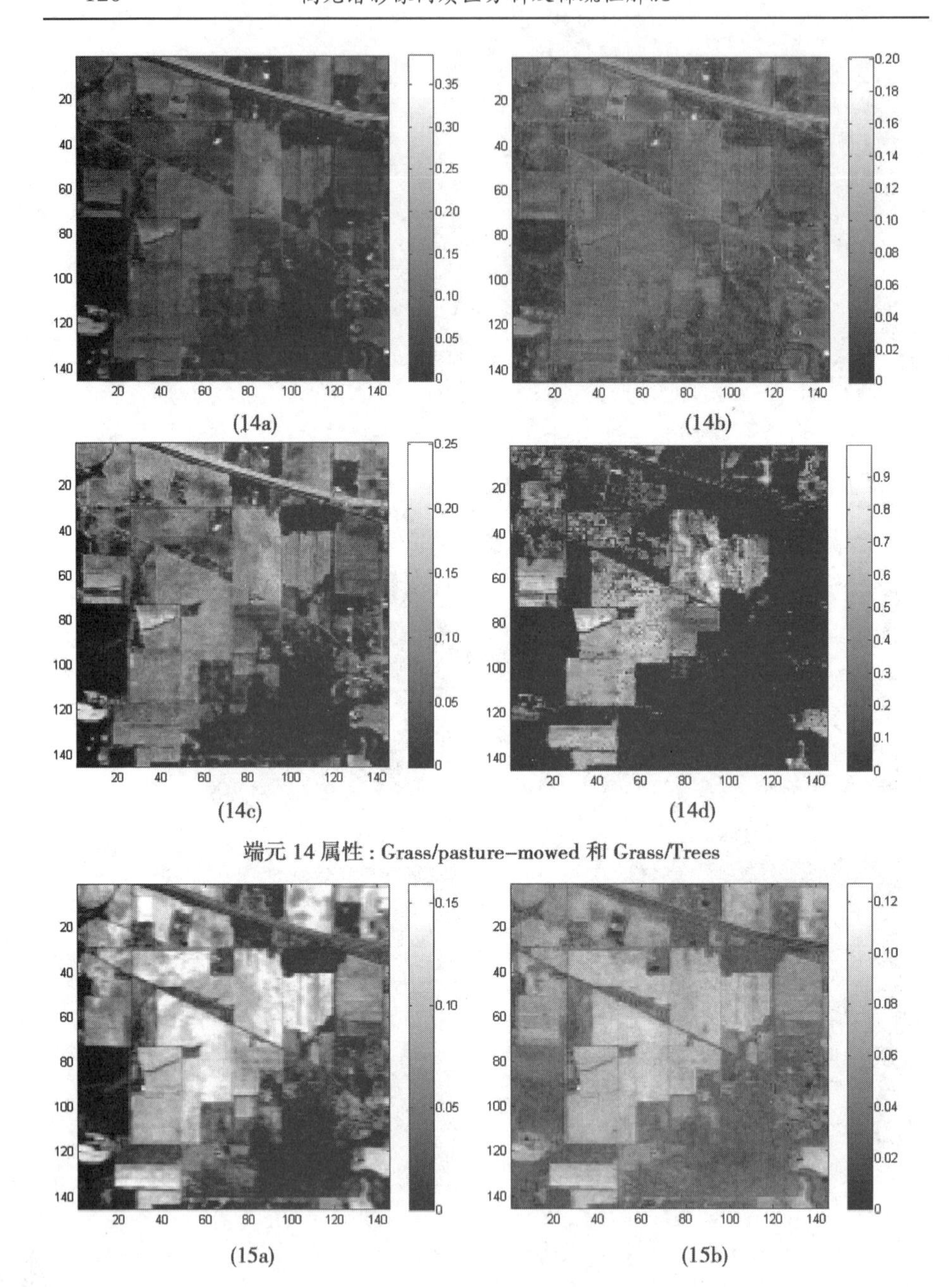
(14a)
(14b)
(14c)
(14d)
端元 14 属性 : Grass/pasture-mowed 和 Grass/Trees
(15a)
(15b)

续图 5-9

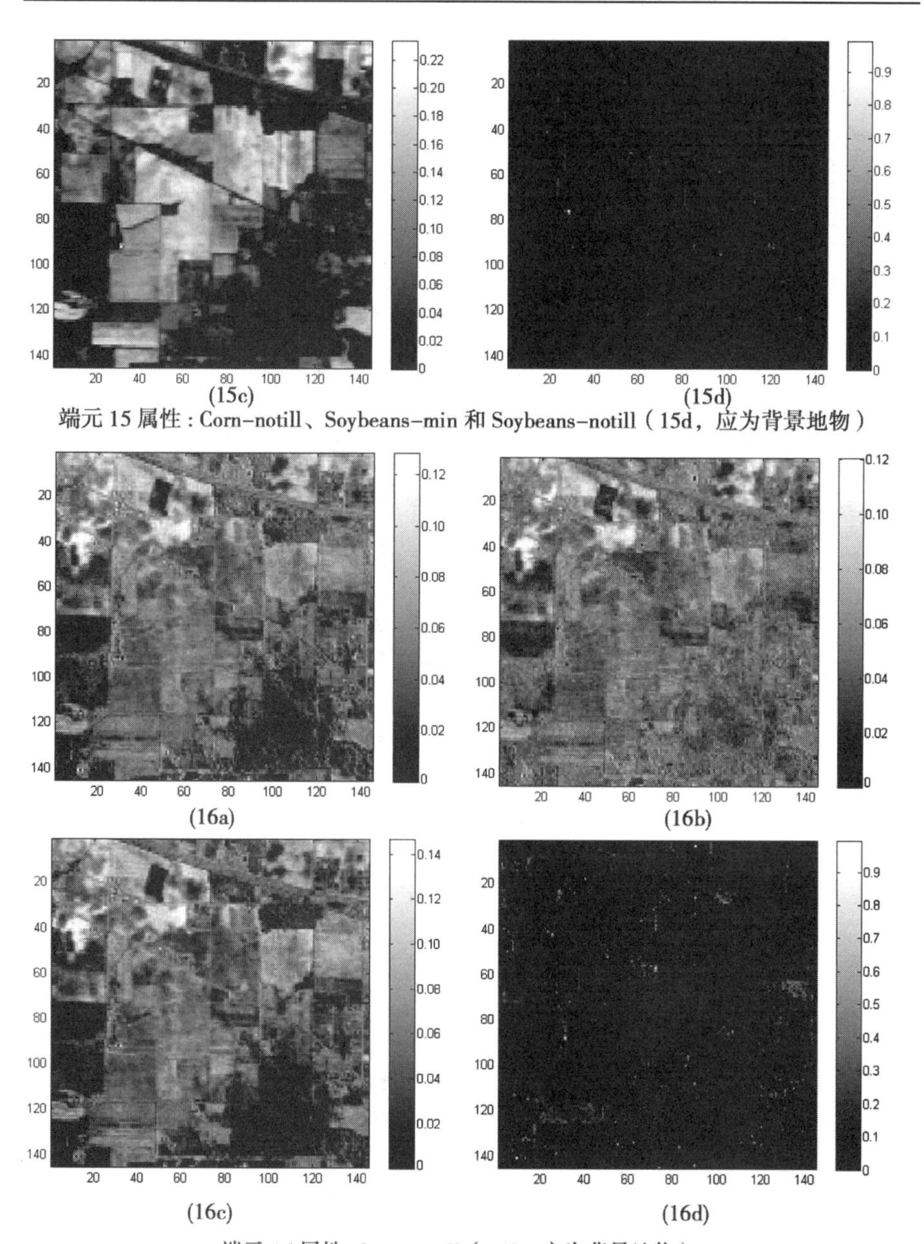

(15c)　(15d)

端元 15 属性 : Corn-notill、Soybeans-min 和 Soybeans-notill（15d，应为背景地物）

(16a)　(16b)

(16c)　(16d)

端元 16 属性 :Corn-notill（16d，应为背景地物）

续图 5-9

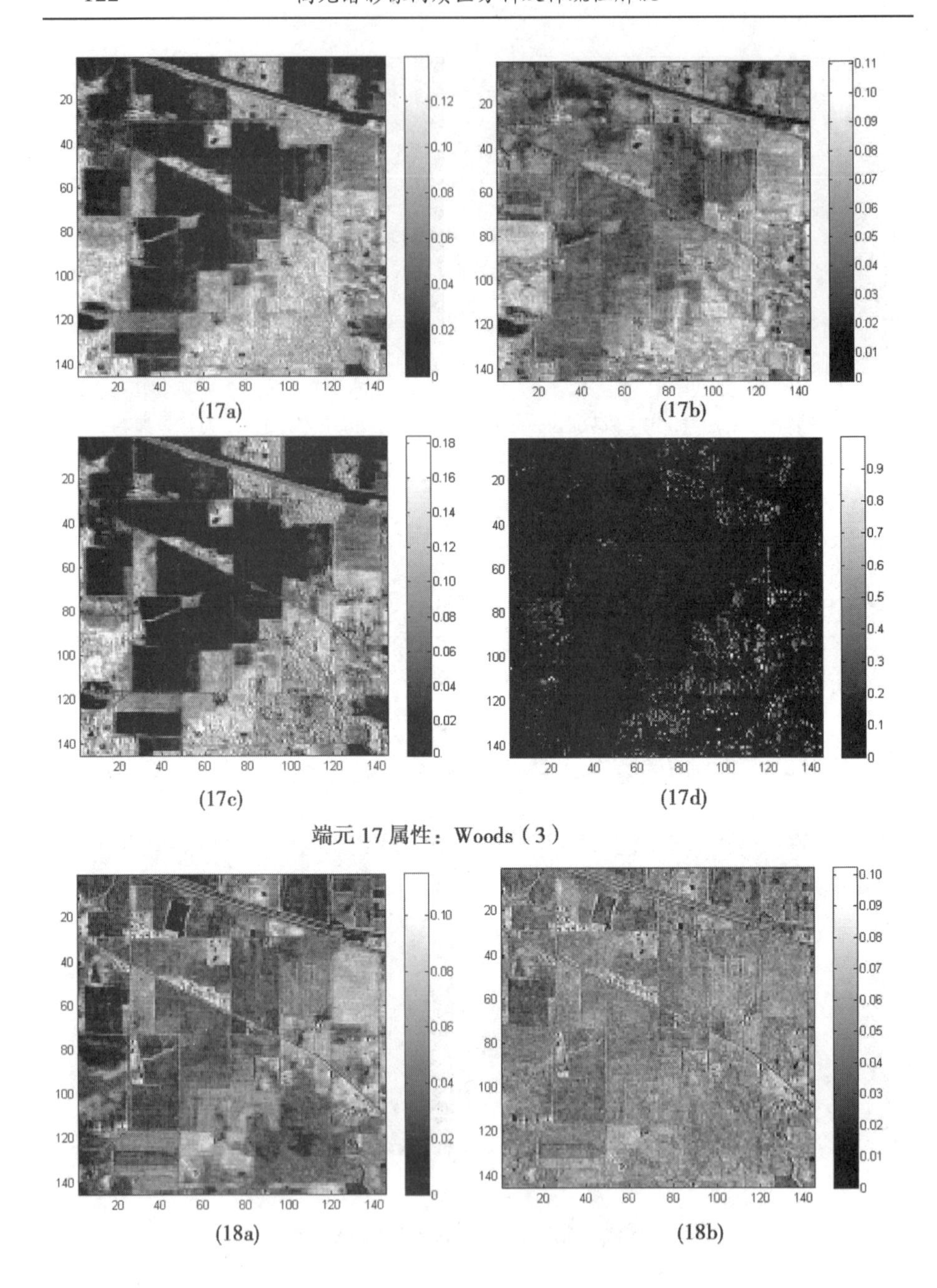

续图 5-9

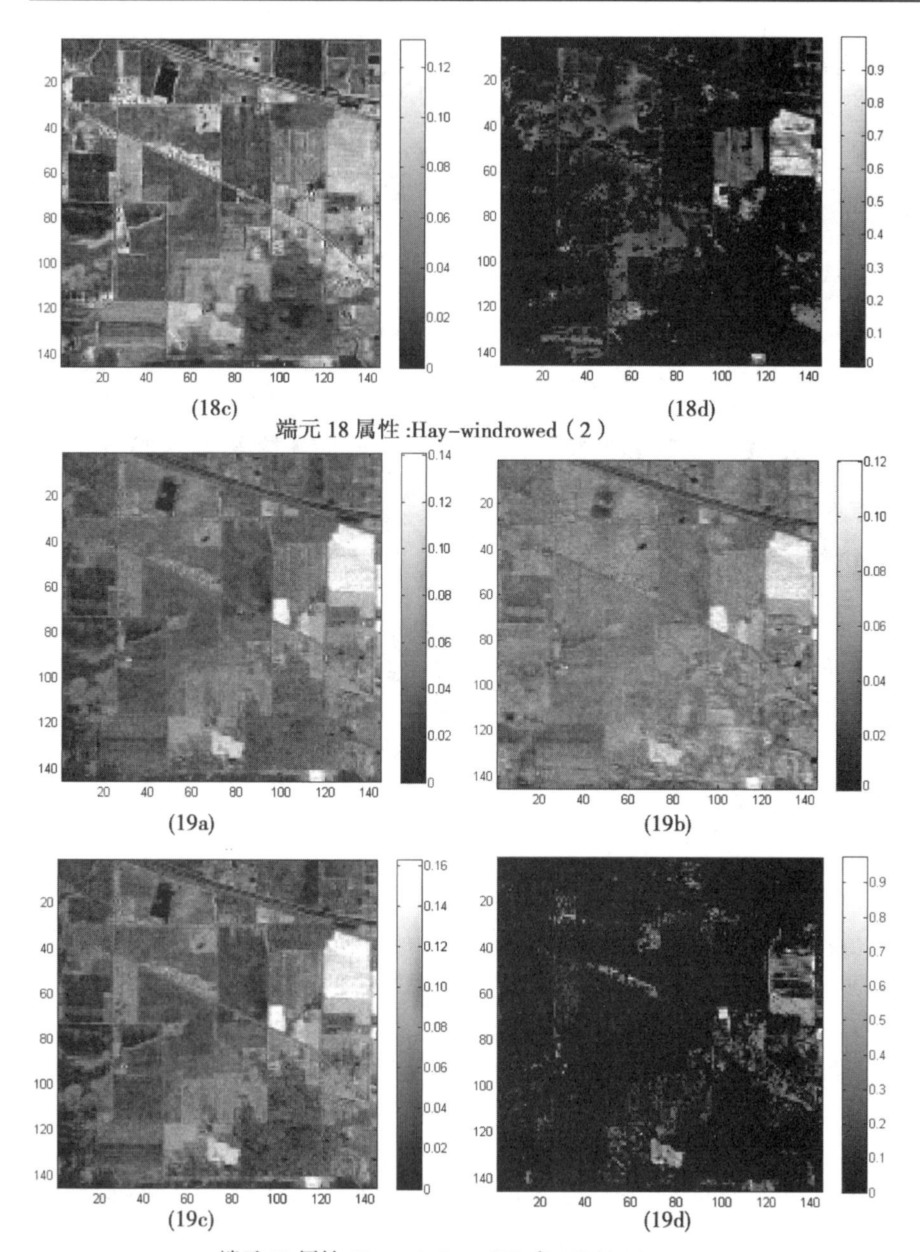

(18c) (18d)

端元 18 属性 :Hay-windrowed（2）

(19a) (19b)

(19c) (19d)

端元 19 属性 :Hay-windrowed(3) 和 Alfalfa(2)

续图 5-9

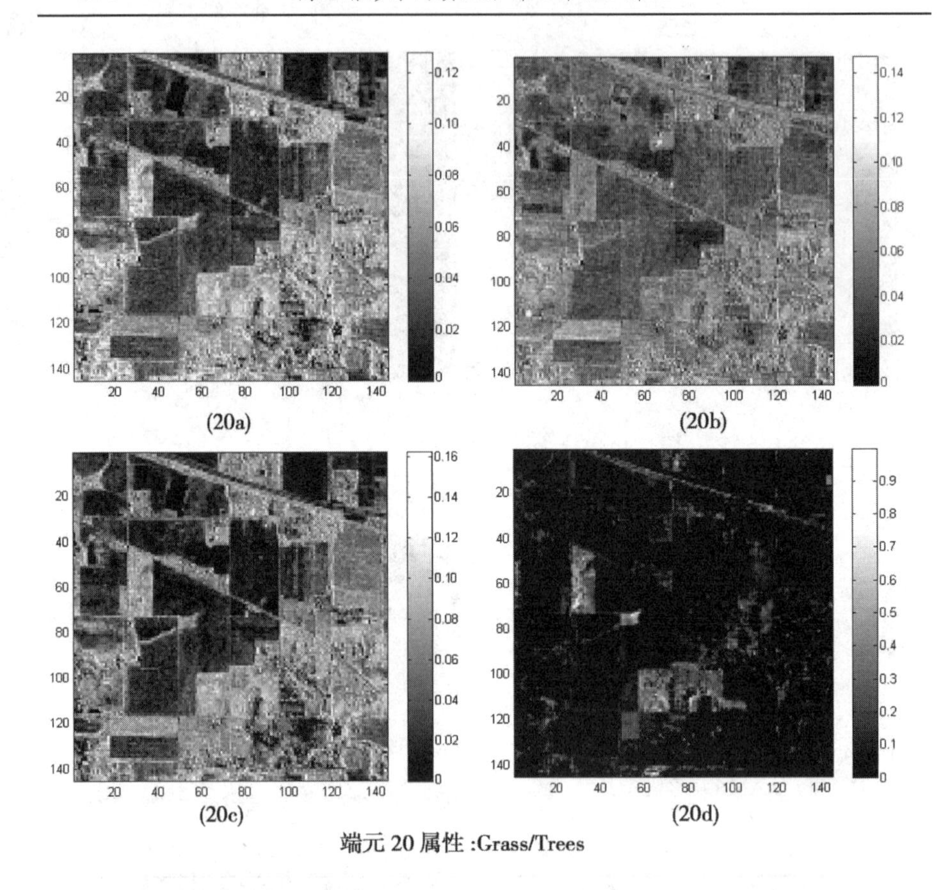

端元 20 属性 :Grass/Trees

续图 5-9

由各端元丰度图可见,HREE 方法与其他三种 NMF 方法有明显不同,有些端元光谱信息含量以异常情况出现,即只出现在某几个离散像元中,如图 5-9(10d)、(11d);且有些丰度图邻域像元间变化激烈,如图 5-9(12d)、(13d)和(16d)所示。因该实验数据中未含有真实的端元光谱和端元丰度信息,无法就此得出基于 HREE 方法(和 FCLS 端元丰度反演方法)所得结果不好,但各端元丰度在单个地物覆盖区中成“片状”、平滑分布的可能性仍然较大。另外,由端元光谱曲线图 5-10(j) ~ (m)可见,HREE 方法所提取的端元光谱和其他三种方法相比,并未有明显的异常情况,但相应的端元丰度图差别较大。这说明,在有效的影像端元光谱情况下,满足“非负”和“和为 1”约束的 FCLS 方法,不一定能得到较好的丰度反演结果(根本原因是各个像元所对应的端元光谱子集和影像端元集并不等同,详细分析见第 6 章)。

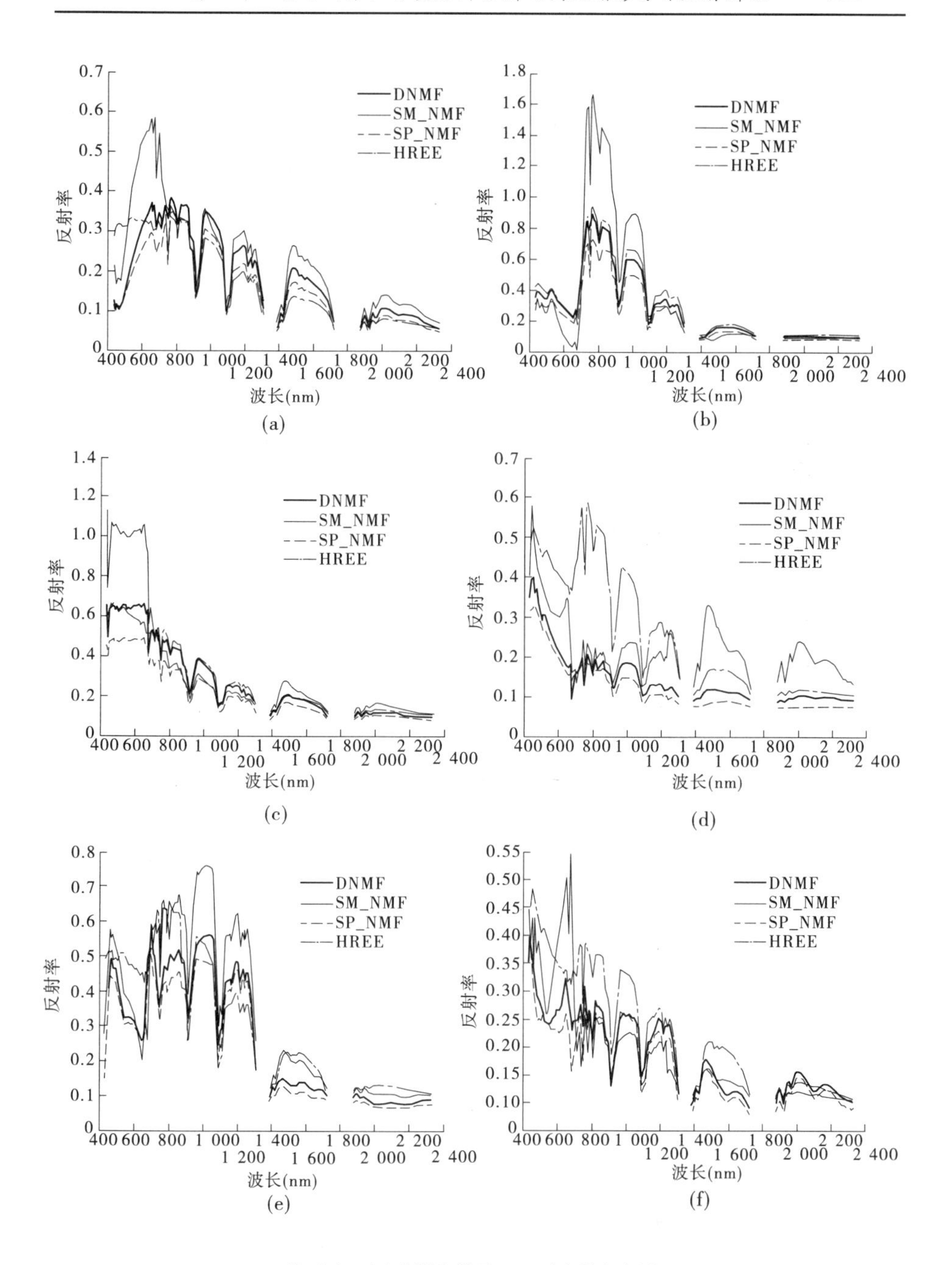

注:(a)~(t)分别为端元a~t对应的丰度图。

图5-10　端元光谱曲线图

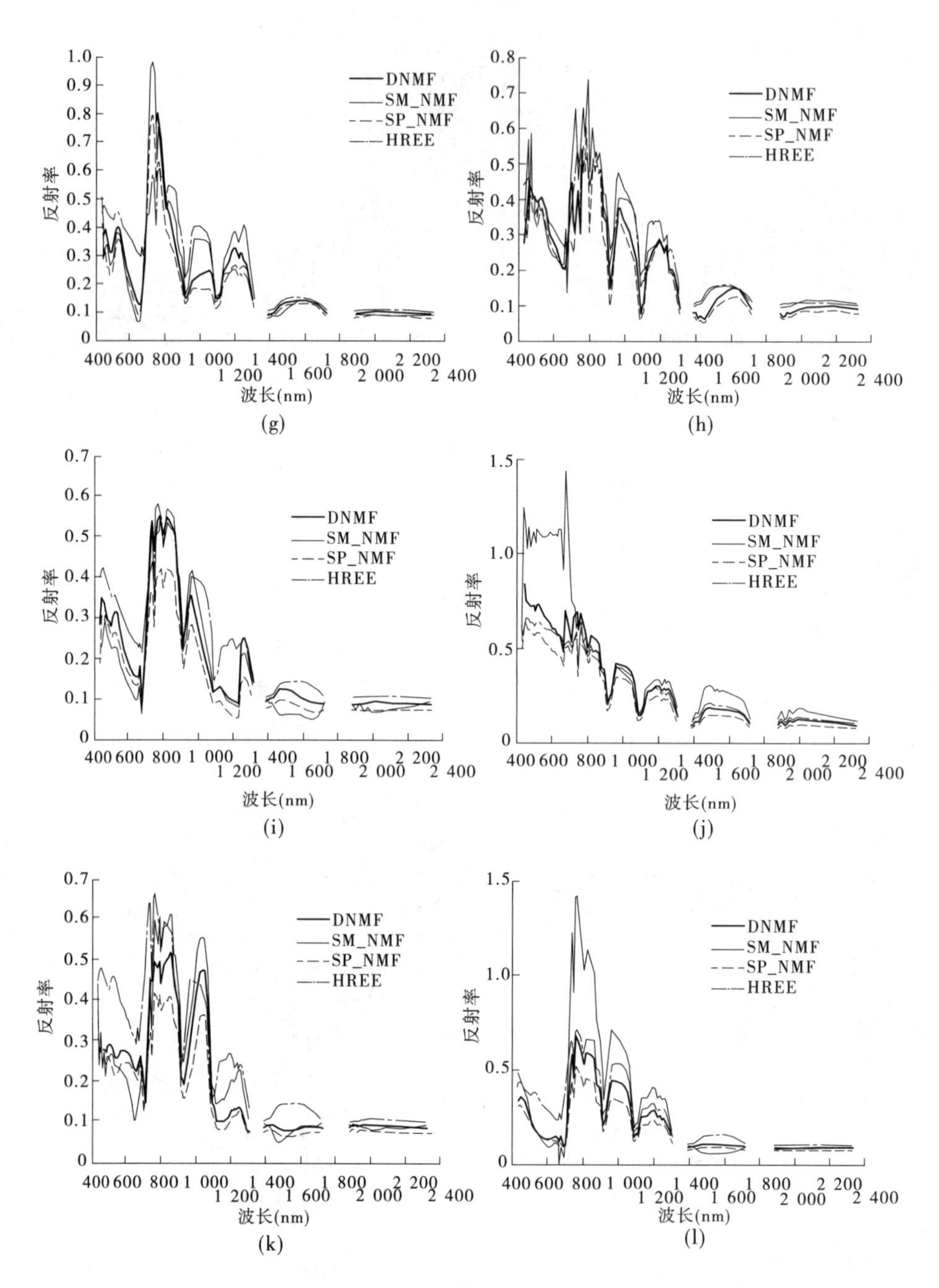

续图 5-10

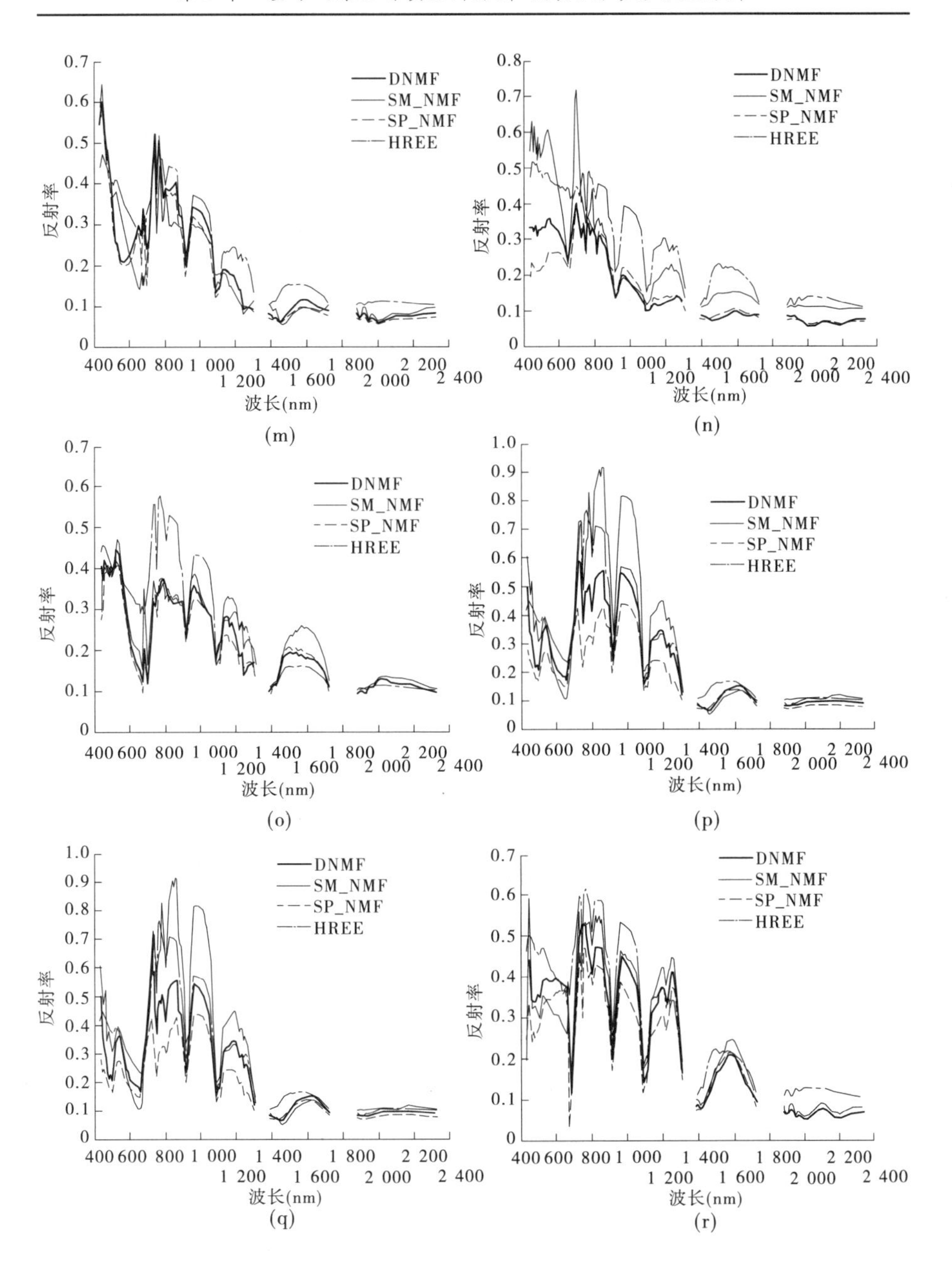

续图 5-10

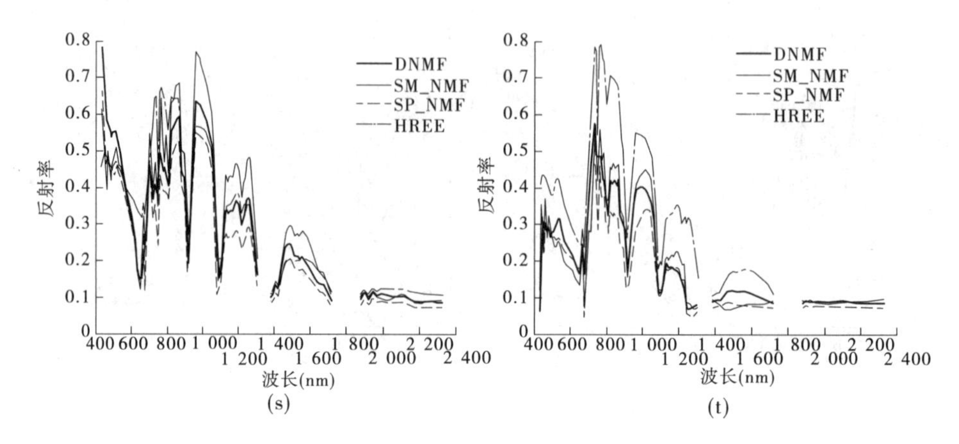

续图 5-10

对比 CNMF、SM_NMF 和 SP_NMF 分解所得端元丰度图，可见 CNMF 和 SP_NMF 的稀疏性方面比 SM_NMF 结果好，如端元 7、9 和 11 对应的 a、b 和 c 丰度分布图；SM_NMF 丰度分布满足了“平滑性”约束。

为了定量分析各种方法进行混合像元分解的有效性，基于所得端元光谱和端元丰度，根据公式

$$X = AS \tag{5-45}$$

获得重组后的高光谱影像 $X \in \mathfrak{R}^{187 \times 21\,025}$，其中 $A \in \mathfrak{R}^{187 \times 20}$ 为端元光谱，$S \in \mathfrak{R}^{20 \times 21\,025}$ 为端元丰度；将 X 转为 BSQ 格式，以地物调查图中的各个类别为单位，与原始影像进行 RMSE 分析，所得结果见表 5-14，其中 RMSE 值越小，说明重建效果越好，在一定程度上间接说明相应的混合像元分解方法较为有效。

由表 5-14 可见，HREE 方法（和 FCLS 方法）所得结果较差，而 SM_NMF 和 CNMF，尤其是 SM_NMF 所得结果较好；除地物 Alfalfa 覆盖区外，基于 SM_NMF 方法和 CNMF 方法非监督结果重建影像和原始影像的 RMSE 值小于 SP_NMF；这点从平均 RMSE 值也可看出，SM_NMF 和 CNMF 对应的值为 1.390 6E－03 和 1.439 6E－03，小于 SP_NMF 和 HREE 对应的值 1.475 3E－03 和 3.489 8E－03。

表 5-14　各种混合像元分解方法有效性定量分析 RMSE 值

地物覆盖区	像元数目	CNMF	SM_NMF	SP_NMF	HREE
Alfalfa	54	1.418 1E - 03	1.432 3E - 03	1.428 1E - 03	3.653 1E - 03
Corn - notill	1 434	1.360 5E - 03	1.329 8E - 03	1.378 1E - 03	3.491 2E - 03
Corn - min	834	1.370 3E - 03	1.337 3E - 03	1.389 7E - 03	3.269 0E - 03
Corn	234	1.379 7E - 03	1.348 5E - 03	1.402 8E - 03	3.336 7E - 03
Grass/Pasture	497	1.393 9E - 03	1.327 6E - 03	1.449 0E - 03	4.311 6E - 03
Grass/Trees	747	1.336 2E - 03	1.296 3E - 03	1.354 1E - 03	2.323 1E - 03
Grass/pasture - mowed	26	1.386 7E - 03	1.349 3E - 03	1.399 7E - 03	2.078 4E - 03
Hay - windrowed	489	1.346 3E - 03	1.337 2E - 03	1.364 1E - 03	2.582 5E - 03
Oats	20	1.362 3E - 03	1.330 0E - 03	1.385 8E - 03	1.816 5E - 03
Soybeans - notill	968	1.353 6E - 03	1.323 6E - 03	1.374 2E - 03	2.494 2E - 03
Soybeans - min	2 468	1.349 6E - 03	1.320 7E - 03	1.368 8E - 03	3.822 9E - 03
Soybean - clean	614	1.364 5E - 03	1.335 6E - 03	1.387 5E - 03	2.480 7E - 03
Wheat	212	1.356 8E - 03	1.311 6E - 03	1.370 7E - 03	2.423 0E - 03
Woods	1 294	1.408 0E - 03	1.313 8E - 03	1.453 1E - 03	4.294 5E - 03
Bldg - grass - tree - drives	380	1.408 5E - 03	1.454 5E - 03	1.429 8E - 03	5.956 9E - 03
Stone - steel towers	95	2.438 2E - 03	2.102 1E - 03	2.668 7E - 03	7.503 3E - 03
平均 RMSE	10 366*	1.439 6E - 03	1.390 6E - 03	1.475 3E - 03	3.489 8E - 03

注：* 表示各地物覆盖类型区的像元总数。

5.5 小　结

本章引入并分析了非负矩阵分解方法的理论原理，讨论了其用于高光谱影像非监督解混的优缺点。然后，在分析高光谱影像空间和光谱信息特点的基础上，给出了两个端元丰度命题，即端元丰度稀疏性和端元丰度平滑性；且在影像同质区基础上给出了一种含有端元丰度平滑性约束的非负矩阵分解方法，定义了其目标函数和迭代规则，并证明了数学收敛性。最后，基于仿真高光谱影像和真实高光谱影像证明了含有平滑约束的非负矩阵分解方法的有效性。

第 6 章　顾及邻域信息的高光谱影像端元丰度反演

第 5 章中的 CNMF－HU 方法在相关约束项下直接根据高光谱影像进行分解而同时获得端元光谱和端元丰度，结果满足高光谱影像的空间和光谱特征要求，即平滑性和稀疏性；然而第 4 章中的 HREE 端元提取方法，和其他常见的端元提取方法一样，只是给出了整幅影像的端元光谱集，而具体到每个像元、每块同质区，其应基于哪些端元光谱进行丰度反演？其中一个？一部分？还是所有？并没能给出一个理想答案。通常的做法是将提取而来的所有端元光谱用于每个像元进行丰度反演，然而这种做法不符合实际情况；且相关实验表明端元数目过多或过少都会带来反演精度的降低。

高光谱影像中，不同的像元、不同的同质区含有的端元光谱不尽相同；同一同质区内、相邻像元间对应的端元光谱又有相似性。本书将基于影像同质区分析结果，在已有影像端元光谱集的基础上，给出每个像元、每块同质区和过渡区的端元光谱子集确定方法，从而得到较高精度的影像丰度反演结果。

6.1　高光谱影像端元丰度反演

端元提取方法或通过像元光谱空间几何分析，或通过光谱特征投影分析，或通过特定数学理论工具及结合影像空间和像元光谱特征分析，可以给出一幅高光谱影像的端元光谱集 A，而影像对应的各种端元（或地物）的含量，即丰度 S 还需要进一步分析。高光谱影像分析中，基于影像端元光谱集 A 而求取各端元丰度 S 的过程称为高光谱影像端元丰度反演。常见的方法有最小二乘法（Heinz, 2001）、正交子空间投影法（Harsanyi, 1993；Chang, 2005）、投影寻踪法（Chiang,2001）、最大似然估计（Settle, 1996）等。结合本章研究内容重点，即像元最优端元子集的确定方法，下面仅就本章涉及的相关方法进行分析。

6.1.1　最小二乘法

在不考虑噪声的情况下，高光谱影像线性混合像元分解模型可以表示为

$$M = AS + N \tag{6-1}$$

$$s_{ij} \geqslant 0 \tag{6-2}$$

$$\sum_{i=1}^{r} s_{ij} = 1, \text{for} j \in [1, n] \tag{6-3}$$

其中,$M = [m_1, m_2, \cdots, m_n] \in \Re^{l \times n}$是 n 个 l 波段的高光谱混合像元光谱特征响应值矩阵;$A = [a_1, a_2, \cdots, a_r] \in \Re^{l \times r}$是已经通过端元提取方法获得的 r 个 l 波段的影像端元光谱矩阵;$s_j = [s_{1j}, s_{2j}, \cdots, s_{rj}]^{\mathrm{T}}$ 是 $S = [s_1, s_2, \cdots, s_n] \in \Re^{r \times n}$中的列,表示端元丰度反演中待求取的、$r$ 个端元光谱在混合像元 j 中的比例,即端元丰度值;$N \in \Re^{l \times n}$代表影像中存在的噪声。

对于高光谱影像,一般情况下影像波段数目 l 远大于端元数目 r,即能保证端元光谱矩阵 A 为列满秩矩阵,从而可以通过最小二乘方法求取式(6-1)中的未知项,即端元丰度矩阵 S。只考虑式(6-1),则各端元丰度需要在 N 能量最小化的条件下得出:

$$J(S) = \| N \|_2^2 = \| M - AS \|_2^2 \tag{6-4}$$

式中,$\| \cdot \|_2$ 表示 2 范数,进一步得出:

$$J(S) = M^{\mathrm{T}}M - 2S^{\mathrm{T}}A^{\mathrm{T}}M + S^{\mathrm{T}}A^{\mathrm{T}}AS \tag{6-5}$$

对 J 求偏导,并取值为 0,即

$$\nabla J(S) = -2A^{\mathrm{T}}M + 2A^{\mathrm{T}}AS = 0 \tag{6-6}$$

端元丰度可得

$$S = (A^{\mathrm{T}}A)^{-1}A^{\mathrm{T}}M \tag{6-7}$$

因未考虑任何约束条件,式(6-7)的求解方法称为无约束最小二乘(unconstrainedleast squares, UCLS)。该方法求解过程简单,计算速度快;然而因未加任何限制,一般情况下得到的端元丰度反演精度低。

6.1.2　带约束的最小二乘法

根据丰度约束条件,可以分为三种不同的最小二乘法:“和为 1”约束最小二乘(sum - to - one constrained least squares, SCLS)、“非负”约束最小二乘(nonnegatively constrained least squares, NCLS)和全约束最小二乘(fully constrained least squares, FCLS)。

“和为 1”约束最小二乘(SCLS)是指在求解式(6-1)过程中加入式(6-3)约束,这时目标函数为

$$J(s) = \| m - As \|_2^2 + \lambda(1_s^{\mathrm{T}} - 1) \tag{6-8}$$

式中:m 为某个像元数据列;s 为对应的丰度矩阵中的列。

对 J 求偏导并取 0,可以得到 s 的估计值为

$$s = \left[I_r - \frac{(A^TA)^{-1}1_r1_r^T}{1_r^T(A^TA)^{-1}1_r}\right](A^TA)^{-1}A^Tm + \frac{(A^TA)^{-1}1_r}{1_r^T(A^TA)^{-1}1_r} \tag{6-9}$$

式中:I_r 为 r 阶单位矩阵;1_r 为值全为 1 的 r 维列向量。

“非负”约束最小二乘(NCLS)指在求解式(6-1)过程中加入式(6-2)约束,这时 NCLS 无法通过解析方法计算出端元丰度值,即不能像 UCLS 和 ACLS 那样给出明确的闭合解形式,因为 NCLS 约束项是 r 个不等式。一般情况下,NCLS 可以描述为一个最优化问题:

$$\text{Minmize}J(s) = \| m - As \|_2^2, \text{subject to } s \geqslant 0 \tag{6-10}$$

对于这个最优化问题,最经典的方法是 Lawson(1995)等提出的利用迭代方法来获得最优解。求解过程较为复杂,详细过程见文献(Lawson, 1995)。

全约束最小二乘(FCLS)是指在求解式(6-1)过程中同时满足式(6-2)和式(6-3)的约束要求。目前,最为常见的是 Heinz 在文献(Lawson, 1995)给出的 NCLS 方法上的改进,即迭代过程中分别将像元光谱矩阵和端元光谱矩阵增加一个辅助值(行)(Heinz, 2001):

$$m = \begin{bmatrix} m \\ \delta 1 \end{bmatrix} \tag{6-11}$$

和

$$A = \begin{bmatrix} A \\ \delta 1_r^T \end{bmatrix} \tag{6-12}$$

式中:1_r 为值全为 1 的 r 维列向量;δ 为控制约束项(6-3)的影响。基于式(6-11)和式(6-12),迭代求解 NCLS 时便可以得到全约束的解。

6.2　顾及邻域信息的像元最优端元子集

6.2.1　像元最优端元子集问题分析

已知影像端元光谱集、确定端元丰度分解方法后,常见的影像丰度反演方法就是用全部的端元光谱集去分解每个像元,以求得各端元在此像元中所占的比例。事实上,单个像元并不一定含有所有端元光谱信息。只有参与分解的端元和像元实际包含的端元相符合时,才能得到最优的丰度反演结果,过多的端元与过少的端元都会降低反演精度(Heinz, 2001; Rogge, 2006)。

对于这个问题已经有相关文献(Roberts, 1998; Roessner, 2001; Li,

2003)进行了分析,并提出了一些有效方法。如 Roberts(1998)提出一种 MESMA 方法:对于某个像元,从所提出影像整体端元光谱集中随机选择并组合端元光谱子集以对该像元进行分解,获得最优分解效果的端元子集作为该像元的最优端元子集;然后逐像元进行分析以获得各端元在影像中的分布情况。然而该方法中为获得每个像元的最优端元子集,需要遍历所有的端元光谱子集组合,可见该方法计算复杂度高。基于此,Rogge(2006)提出了一种迭代端元丰度反演分析的最优端元子集获取方法(ISMA)。ISAM 中对每个像元,首先基于预先加入阴影端元的影像端元集进行非约束端元丰度反演,统计各端元的丰度含量和此时的端元丰度反演精度 RMSE;然后剔除含量最小的那个端元,依次循环,直至端元光谱集中只剩余阴影端元;最后倒序分析各端元光谱子集时的端元丰度反演精度,当丰度精度变化小于阈值时认为已经获得该像元的最优端元子集。依次获取其他像元的最优端元子集。实验表明,该方法能较好地评估像元的最优端元子集。

然而,以上所述方法仍然是基于单个像元进行端元子集获取,其过程中未利用影像邻域像元间的空间相关性。本书认为,在最优端元子集获取中,结合影像空间信息,考虑影像局部区域的特殊性和局部区域内部像元间的共性,是一种最优端元子集获取研究中有意义的探讨;并在此基础上提出一种顾及邻域信息的最优端元子集获取方法。

6.2.2　顾及邻域信息的像元最优端元子集获取方法分析

下面将在影像同质区分析基础上,给出一种顾及邻域信息的像元最优端元子集获取方法(neighborhood information based endmember set analysis, NESA):首先以影像同质区为基础,通过迭代丰度反演分析获取各个影像同质区的最优端元子集;其次分析影像过渡区和影像同质区的邻接关系,基于相邻的影像同质区最优端元子集组合为该影像过渡区的最优端元子集;然后每个像元以所在区域(影像同质区或影像过渡区)的最优端元子集作为其最优端元子集。

由 NESA 方法过程可见,其分为两个关键部分,下面依次分析。

第一点,即基于影像同质区获取该区域每个像元的最优端元光谱子集。从影像同质区角度看,区域内像元间光谱相似,含有的端元光谱和端元丰度信息近似;从高光谱影像看,其对应的地物空间分布一般是成片状存在的,不同的区域具有不同的主导地物种类。由此可见,基于影像同质区进行区域最优端元子集获取是可行的。另外,迭代分析过程中以影像同质区为单位,相对以单个像元为单位,进行最优端元子集获取,可以降低循环次数,降低计算复杂度。

第二点,影像过渡区的最优端元子集由与其相邻的影像同质区最优端元子集组成。影像过渡区多是位于多种地物的交界处,含有大量的混合像元,域内邻域像元间光谱差异较大;那么,该区域很有可能或多或少地含有邻域同质区的地物信息,即基于邻域同质区内的最优端元子集组建该过渡区的最优端元子集也是符合实际情况的。另外,若基于影像过渡区迭代丰度反演分析以获取其最优端元子集,很有可能因某端元信息只在某个或某几个像元内部存在,但于过渡区而言含量较低而被剔除,造成额外误差。

顾及邻域信息的最优端元子集获取方法的关键是影像同质区的最优端元子集获取,下面进行详细介绍。

6.3 影像同质区的最优端元子集获取

本节将在影像同质区基础上,通过端元迭代混合像元分解分析,获取每块同质区的最优端元子集。

6.3.1 统计指标

下面给出影像同质区最优端元子集求解过程中用到的统计指标,即端元丰度均方根误差(root mean square error,RMSE)。

假设 $M=[m_1,m_2,\cdots,m_n]\in\Re^{l\times n}$ 是影像同质区 hr_i 的矩阵表示形式,含有 n 个 l 波段像元; $S=[s_1,s_2,\cdots,s_n]\in\Re^{r\times n}$ 是端元丰度值矩阵表现形式,其中 $s_i=(s_{1i},s_{2i},\cdots,s_{ri})^{\mathrm{T}}$ 为各端元光谱在像元 i 中的含量。若已知端元光谱矩阵 $A\in\Re^{l\times r}$ 和基于某种方法反演的丰度矩阵 $F=[f_1,f_2,\cdots,f_n]\in\Re^{r\times n}$,可以重构影像同质区光谱矩阵 X,即

$$X=AF \tag{6-13}$$

那么,对于某一重构像元,即 X 中的某一列 x_j,其均方根误差为

$$rmse(x_j)=\left(\frac{1}{r}\sum_{i=1}^{r}(m_{ij}-x_{ij})^2\right)^{\frac{1}{2}} \tag{6-14}$$

式中:x_{ij} 为重构像元列 x_j 的第 i 行值;m_{ij} 为同质区矩阵 M 中对应的元素值。

基于像元均方根误差,那么重构影像同质区均方根误差为

$$RMSE(X)=\frac{1}{n}\sum_{j=1}^{n}rmse(x_j) \tag{6-15}$$

影像同质区均方根误差表示的是重构后同质区光谱和原始同质区光谱的相似性程度,值越小说明越相似。

类似的,若整幅影像的端元丰度反演结果为 $F = [f_1, f_2, \cdots, f_n] \in \Re^{r \times n}$,其中 $f_i = (f_{1i}, f_{2i}, \cdots, f_{ri})^{\mathrm{T}}$ 表示反演结果中各端元在像元 i 中的含量,那么此像元的端元丰度均方根误差为

$$rmse(f_j) = \left[\frac{1}{r}\sum_{i=1}^{r}(s_{ij} - f_{ij})^2\right]^{\frac{1}{2}} \tag{6-16}$$

那么影像的端元丰度均方根误差为

$$RMSE(F) = \frac{1}{n}\sum_{j=1}^{n} rmse(f_j) \tag{6-17}$$

影像端元丰度均方根误差表示的是反演结果中端元丰度和真实端元丰度的相似性程度,值越小说明越相似。

6.3.2　影像同质区端元迭代分析

影像同质区的最优端元子集通过以下迭代分析获得,分两个大的阶段,即迭代混合像元分解阶段和迭代结果分析阶段。相应包含两个阶段的流程,见图 6-1。

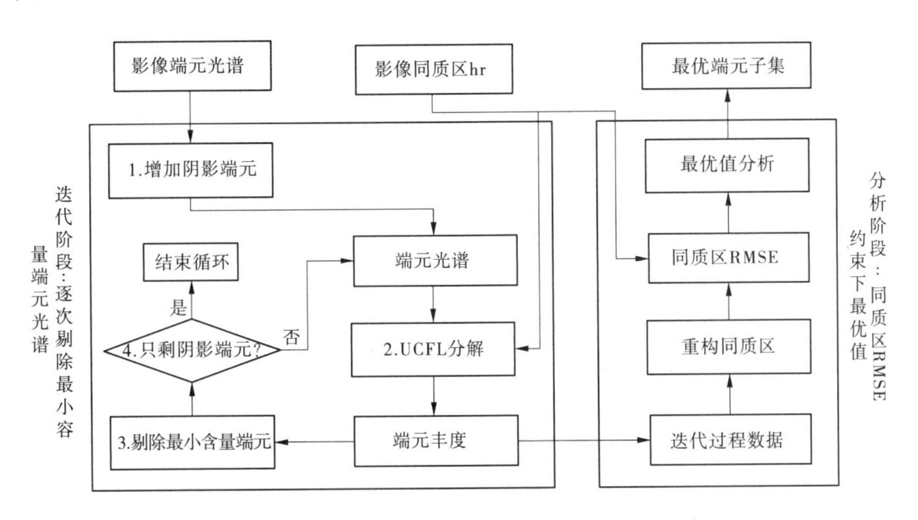

图 6-1　影像同质区的最优端元子集获取流程

(1)迭代阶段。为了模拟地形光照等变化,向已有的端元矩阵中增加一个阴影端元光谱,借鉴文献(Keshava, 2002)的做法,将其设置为一个反射率

均一的阴影端元 a_s，如流程图中第 1 步；然后进入下面循环，基于同质区矩阵 M 和含有阴影端元光谱 a_s 的端元光谱矩阵 A，进行无约束分解（UCLS），获得相应的端元丰度矩阵 S，这是第 2 步；第 3 步是剔除具有最小丰度含量的端元 a_j（a_s 除外），其中 $j = \arg\min_i mean(s_i)$，s_i 是丰度矩阵 S 的行；然后继续循环，直至端元矩阵 A 中只剩余阴影端元光谱 a_s，这是第 4 步。

由迭代步骤可见，其最大的循环次数是影像端元光谱数目，相比文献（Roberts, 1998）遍历搜索所有端元的可能组合方式以确定最优端元子集的做法，本书的方法保证了循环的可执行性和效率；在第 2 步中，应用无约束最小二乘法（UCLS），而不是全约束最小二乘（FCLS），是因为后者在求解过程中默认每个端元都是真实包含的，且对分解的端元丰度进行非负约束与“和为 1”约束，所分解结果很难准确表示各个端元光谱信息在像元中的含量。

（2）分析阶段。记录每次迭代过程中的端元光谱、反演丰度、剔除端元光谱等数据并计算影像同质区 RMSE。假若第 t 次循环中端元光谱矩阵为 A^t，丰度分解结果为 S^t，具有最小丰度含量的端元光谱为 a_t，那么重构的影像同质区矩阵为 $X^t = A^t S^t$，影像同质区均方根误差为 $RMSE(X^t)$，下次迭代前将剔除的端元光谱为 a_t，且下次迭代过程中重构的影像同质区均方根误差为 $RMSE(X^{t+1})$。

在迭代过程中，若剔除的端元光谱不属于该同质区，则同质区 RMSE 变化不大；若剔除的端元光谱属于该同质区，RMSE 会有明显升高。因而，可用式（6-18）对端元光谱 a_t 进行判别：

$$\Delta RMSE = [RMSE(X^{t+1}) - RMSE(X^t)]/RMSE(X^{t+1}) \tag{6-18}$$

Thd 为给定的阈值，若

$$\Delta RMSE > Thd \tag{6-19}$$

则端元光谱 a_t 被归为影像同质区最优端元子集中。

借鉴文献（Rogge, 2006）做法，为了提高分析效率，从最后一个被剔除的端元光谱开始，依次基于式（6-18））进行分析，若符合式（6-19）条件，则端元光谱 a_t 归入最优端元子集中；若不符合，则最后一个被剔除的端元光谱至第 $t+1$次被剔除的端元光谱 a_{t+1} 组成该影像同质区最优端元子集。

6.4 实　验

将基于能获得影像端元光谱和端元丰度信息的仿真高光谱影像进行实

验,影像数据生成过程与第4章、第5章相同。为了验证NESA方法的有效性,将以两种方案进行实验:①验证不同SNR情况下NESA的有效性,并和ISMA(Rogge, 2006)方法比较;②面向各种端元光谱提取方法,验证不同方法基础上的端元反演精度。

6.4.1　不同SNR情况下NESA的有效性分析

在仿真影像生成过程中,将SNR分别设置为30 dB、40 dB、50 dB、60 dB、80 dB、100 dB,掩膜窗口为35。每种SNR情况下的仿真影像各含有180×180个420波段的像元,对应5个端元光谱(见图4-8);影像各个像元内含有的端元总数目为114 804(含重复的端元光谱,下同)。

为了测试端元子集优化方法的有效性,影像端元光谱集由真实的5个端元光谱和(USGS)矿物光谱库中其他10个随机的地物端元光谱组成。NESA和ISMA的*cThd*皆设置为0.05(参数设置方法和文献(Rogge, 2006)保持一致;以下实验相同),两种方法所获取的最优端元子集信息统计结果见表6-1。

表6-1　各种SNR时NESA和ISMA所选择的、正确选择的和漏选的端元数目

SNR (dB)	NESA			ISMA		
	# selected	#correct	#missed	# selected	#correct	#missed
30	135 595	101 209	13 595	80 415	79 612	35 192
40	147 199	111 522	3 282	97 800	97 584	17 220
50	153 032	113 067	1 737	105 517	105 472	9 332
60	160 644	114 728	76	108 451	108 440	6 364
80	162 000	114 804	0	109 425	109 425	5 379
100	162 000	114 804	0	109 444	109 444	5 360

注:各种SNR情况下的仿真影像真实端元数目为114 804。

横向比较来看,在所选取的端元光谱总数上,NESA高于ISMA方法,如SNR为30 dB、50 dB,前者选取的端元数目分别为135 595和153 032,后者选取的端元数目分别为80 415和105 517。这是因为NESA认为邻域同质区的端元信息很有可能在这些影像同质区交界处的过渡区出现,即在获取影像过渡区端元子集时,以所有邻域同质区最优端元子集的组合作为该过渡区最优端元子集。这样基于邻域同质区端元信息获取过渡区端元信息的做法可以降低关键的端元信息漏选,也会带来多余的端元光谱。

上述分析,也在正确选择的端元数目和漏选的端元数目上得以验证,即NESA 正确选择的端元数目在 SNR 为 30 dB、50 dB 时分别为 101 209 和 113 067,而此时 ISMA 方法正确选择的端元数目为 79 612、105 472,分别少于前者21 597和 7 595 个端元,即 NESA 在正确选择的端元数目上多于 ISMA,在漏选的端元数目上少于 ISMA。

NESA 在降低漏选率的同时,正确选择率也在下降。在所选择的端元中,正确选择的端元数目所占比例上,ISMA 要高于 NESA,如在 SNR 为 30 dB、50 dB,ISMA 方法的比例分别为 79 612/80 415 = 99.0% 和 105 472/105 517 = 99.9%,而 NESA 方法的比例分别为 101 209/135 595 = 74.6% 和 113 067/153 032 = 73.9%。

纵向分析来看,随着 SNR 的增大,影像内噪声降低,NESA 和 ISMA 所选择的、正确选择的端元数目都在增加,漏选的端元数目都在降低。对于 NESA 来说,当 SNR 增大至 80 dB 时,便能正确选择所有的 114 804 个端元;ISMA 在所有 SNR 时未能正确选择所有端元,在 SNR 为 100 dB 时正确选择端元数目最大,为 109 444。从正确选择端元数目受 SNR 影响上看,如图 6-2 所示,横坐标是 SNR,纵坐标是与 SNR 对应的正确选择端元数目。可见,ISMA 正确选择的端元数目受 SNR 影响更大。

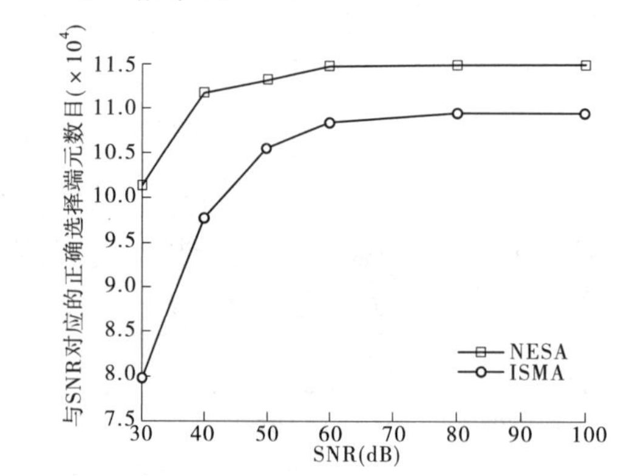

图 6-2　正确端元选择 - SNR 关系

表 6-2 是不同 SNR 时在 NESA 和 ISMA 获取的最优端元子集基础上得到端元丰度反演精度,可见 NESA 效果优于 ISMA,尤其当 SNR 比较大的情况下,如 SNR 为 30 dB,两者对应的丰度反演精度分别为 1.967 2E - 02 和 2.808 3E - 02,为同一数量级;而当 SNR 为 100 dB 时,两者对应的丰度反演精度分别为 1.686 3E - 06 和 2.220 3E - 02,差别 4 个数量级。这间接说明,顾

及邻域信息的像元最优端元子集获取方式是有效的。

表 6-2　各种 SNR 时 NESA 和 ISMA 端元子集基础上的端元丰度反演精度

SNR (dB)	30	40	50	60	80	100
NESA	1.967 2E－02	1.164 0E－02	1.197 5E－02	1.774 5E－04	1.682 0E－05	1.686 3E－06
ISMA	2.808 3E－02	2.280 1E－02	2.225 4E－02	2.221 3E－02	2.221 1E－02	2.220 3E－02

从计算复杂度上来看，NESA 的总循环次数为影像同质区的个数 h 乘以迭代次数，即 $15\times h$，而 ISMA 的总循环次数为影像像元数目 N 乘以迭代次数，即 $15\times N$，而 $h\ll N$。

6.4.2　基于 NESA 的端元丰度反演精度分析

实验所用的仿真影像生成过程中掩膜窗口定为 35，SNR 定为 40 dB，并分别基于 HREE（本书第 4 章）、SSEE（Rogge，2007）、PPI（Boardman，1995）、N－FINDR（Winter，1999）和 VCA（Nascimento，2005）进行端元提取获取仿真影像端元光谱，相应参数设置方法与第 4 章实验中相同；对于每种方法获得的影像端元光谱，分别基于 NESA、ISMA 和 FCLS（Heinz，2001）方法进行端元丰度反演。相应的端元丰度反演精度见表 6-3。

表 6-3　端元丰度反演精度

方法	HREE	SSEE	PPI	N－FINDR	VCA
NESA	7.050 6E－02	3.345 1E－01	2.843 8E－01	7.422 8E－02	1.032 7E－01
ISMA	8.005 5E－02	2.763 7E－01	2.791 6E－01	8.755 6E－02	1.223 8E－01
FCLS	9.393 8E－02	2.634 6E－01	4.069 8E－01	1.053 7E－01	1.470 0E－01

上述几种端元光谱提取方法有效性比较已在第 4 章详细分析，此处只分析在各种方法所得影像端元光谱基础上，三种方法，即 NESA 端元子集优化、ISMA 端元子集优化和全约束最小二乘（FCLS）分解，所得端元丰度反演的精度。

表 6-3 中纵向对比可见，像元端元子集经 NESA 方法和 ISMA 方法优化后，大多端元丰度反演精度都有不同程度的提高（SSEE 处不同），如对于 HREE，端元丰度 RMSE 由 FCLS 的 9.393 8E－02 降低到 ISMA 的 8.005 5E－02 和 NESA 的 7.050 6E－02，即反演所得丰度和真实的端元丰度更为接近；PPI、N－FINDR 和 VCA 处的端元丰度反演精度也有不同程度的提高，见图 6-3。

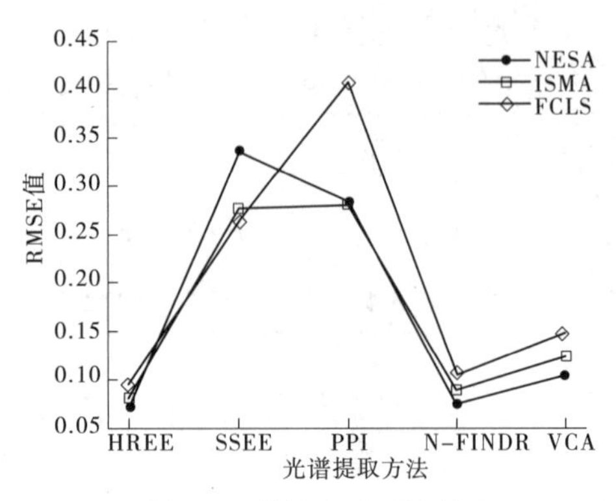

图 6-3　端元丰度反演精度

6.5 小　结

本章总结了现有的端元丰度反演方法研究现状,分析了影像端元和像元端元子集的关系。在现有像元端元子集约束方法的基础上,提出了一种顾及邻域信息的端元子集优化方法,即 NESA。NESA 中的关键是影像同质区的最优端元子集获取,给出了一种迭代混合像元分解分析基础上的最优端元确定方法。实验结果表明,经 NESA 端元子集优化后可以获得较高的端元丰度反演精度。

第7章　总结与展望

混合像元分解是高光谱影像定量应用和分析的基础。本书在影像同质区分析的基础上深入研究了高光谱影像混合像元分解问题。下面对本书的主要工作和创新点进行总结,并展望将来应进一步开展的研究工作。

7.1　本书的主要工作和创新点

7.1.1　本书主要工作

7.1.1.1　光谱之间相似性分析

引入光谱判别概率、光谱判别熵和光谱判别力三种指标,深入研究了现有各种光谱相似性测度的有效性,尤其是从光谱特征刻画、数学模型和意义层面做出了分析;在这个基础上构建了一种能综合反映影像辐射信息、地物光谱曲线波形特征和光谱信息量的新型光谱相似性测度,即光谱泛相似测度(SPM);并基于USGS实测光谱库和OMIS高光谱影像开展了相关实验,验证了SPM的有效性和优越性。

7.1.1.2　影像同质区分析

影像同质区分析,是为了能在高光谱影像混合像元分解中充分挖掘并利用影像的空间信息而进行的研究,定义了影像同质区和过渡区的概念及获取方法。

首先给出了一种像元与其邻域像元光谱相似性的定量刻画方式及其数学模型,即像元同质指数,并提出了一种随窗口大小而自适应调整的权重系数获取方法,该权重系数使得像元的同质指数更依赖于临近像元的光谱相似性情况,从某种程度上降低了其对窗口大小参数的依赖性。

在获取影像同质指数图基础上,进行OTSU分析,给出了一种自适应的影像同质区和影像过渡区判定阈值获取方法,并通过连通分析获得了影像同质区和过渡区。最后通过影像同质区SVD所得第一特征含量所占比例的情况对其进一步细分,以突显影像同质区像元的整体光谱和空间特征。

7.1.1.3　影像端元自动提取

研究了影像空间信息在影像端元提取中的应用。首先在分析影像同质区代表光谱间相似性的基础上,形成影像同质区组,目的是通过影像空间重组,将光谱相似的影像同质区分至不同组群,提高端元光谱的可提取性。

将影像同质区组投影到影像端元特征空间,通过迭代投影分析获取影像初始端元光谱,并在影像同质区组空间信息约束下和端元光谱信息约束下进行优化,以获得最终的影像端元。

7.1.1.4　高光谱影像非监督解混

研究了非负矩阵分解方法,并总结了面向高光谱影像混合像元分解的非负矩阵分解最新进展,分析了基于非负矩阵分解进行高光谱影像混合像元分解的优越性和局限性。

在影像同质区的空间和光谱特征上,提出了端元平滑性和稀疏性命题,并进行了讨论。面向高光谱影像混合像元分解问题,提出了一种丰度平滑性约束条件,给出了相关目标函数和迭代规则,并证明了其收敛性。

7.1.1.5　影像端元丰度反演

首先分析了现有的端元丰度反演方法存在的不足,然后给出了一种影像同质区基础上的像元最优端元子集获取方法;根据影像过渡区和同质区的邻接情况,组建影像过渡区的最优端元子集;在相应区域最优端元子集的基础上,对每个像元进行端元丰度反演。

7.1.2　本书创新点

(1)提出了一种结合影像空间和光谱信息的端元光谱自动提取方法。

针对现有高光谱影像端元提取方法多是基于影像光谱信息进行分析,忽略了影像像元间的相关性这一问题,提出了一种结合空间信息的端元光谱自动提取方法,即基于影像局部的光谱信息特征提取候选端元光谱,并在影像同质区空间信息约束下进行端元光谱优化,是一种新型的端元光谱提取方法,实验表明与一些常见方法相比,该方法所提取的端元光谱更为准确。

(2)提出了一种端元丰度平滑性约束的非负矩阵分解方法。

针对现有非负矩阵分解方法局部极小值问题,结合高光谱影像的空间和光谱特征,在分析端元丰度平滑性的基础上,提出了这种新型的非负矩阵分解方法,给出了其目标函数、迭代规则和收敛性数学证明;面向端元丰度平滑性构建约束条件的思路,与现有的、针对端元丰度稀疏性构建约束条件的思路是不同的,且基于各种约束性非负矩阵分解方法进行高光谱影像非监督解混实验结果表明,丰度平滑性约束的非负矩阵分解方法比一些稀疏性约束非负矩阵分解方法更为有效。

(3)提出了一种新型的光谱相似性测度,即光谱泛相似测度。

在几何距离、相关系数和相对熵的基础上,提出一种融合光谱特征空间距离、光谱曲线几何形状和光谱数据信息含量的光谱相似性测度。实验结果表明,相对只考虑一种或两种特征的光谱相似性测度,这种新型的光谱相似性测度具有更强的光谱判别能力和更小的光谱识别不确定性。

(4)提出了一种高光谱影像同质区分析方法。

该方法首先获取影像像元的同质指数,即该像元与其邻域像元的光谱相似性定量分析值,然后通过 OTSU 方法自适应获取阈值,并用于判别影像像元属性,即同质像元和异常像元,最后通过图论中连通分量分析获得影像同质区和影像过渡区。影像同质区内的像元与其邻域像元光谱相似,含有端元信息近似,其空间和光谱特性用于混合像元分解,明显提高了混合像元分解效率,优化了混合像元分解结果。

(5)提出了一种基于同质区的高光谱影像像元最优端元子集获取方法。

该方法分两个大的阶段,即迭代混合像元分解阶段和迭代结果分析阶段。迭代分析过程中以影像同质区为单位,相对以单个像元为单位,进行最优端元子集获取,可以降低循环次数,降低计算复杂度。实验证明,该方法是有效的。

7.2　下一步研究工作和展望

在本书的研究基础上,仍有一些问题值得进一步研究:

(1)非负矩阵分解理论在高光谱影像分析研究中的拓展。非负矩阵分解是一种新型的盲信号分离技术,全加性的迭代过程和全非负性的表达方式易于理解且易于解释。本书主要研究了端元丰度因子的约束方法,目的是通过非负矩阵分解解决混合像元分解问题;而通过对端元因子进行约束,可以进行高光谱影像其他方面的分析,如主成分分析、兴趣目标探测等。

(2)从高光谱影像分析角度出发,异常目标检测和识别问题应进一步研究。混合像元分解一方面是一种针对影像中大量存在的地物光谱信息而进行的分析和研究,另一方面则是在影像少量像元内、亚像元级别存在的小目标、异常目标信息分析问题,而这些研究正是需要混合像元分解研究做基础的,影像的空间信息在相关研究和分析中同样具有十分重要的意义。

参考文献

[1] Bateson C A, Asner G P, Wessman C A. Endmember bundles: A new approach to incorporating endmember variability into spectral mixture analysis[J]. IEEE Trans. Geosci. Remote Sens, Mar. 2000, 38(2): 1083-1094.

[2] Berry M W, Browne M, Langville A N, et al. Algorithms and applications for approximate nonnegative matrix factorization[J]. Comput. Statist. Data Anal, 2007, 52(1):155-173.

[3] Bioucas-Dias J M, Nascimento, J M P. Hyperspectral subspace identification[J]. Ieee Transactions on Geoscience and Remote Sensing, 2008, 46(8): 2435-2445.

[4] Boardman J W. Automated spectral unmixing of AVIRIS data using convex geometry concepts: in Summaries[A]// In Fourth JPL Airborne Geoscience Workshop[C]. JPL Publication, 1993, 1:11-14.

[5] Boardman J W, Kruse, F A. Automated spectral analysis: A geological example using AVIRIS data, northern Grapevine Mountains, Nevada[A]// In Proceedings, Tenth Thematic Conference, Geologic Remote Sensing[C]. San Antonio, Texas, 9-12 1994:I-407-418.

[6] Boardman W, Kruse F A, Green R O. Mapping target signatures via partial unmixing of AVIRIS data: In summaries[A]// In Fifth JPL airborne earth science Workshop[C]. 1995, 23-26.

[7] Craig M D. Minimum-volume transforms for remotely sensed data[J]. IEEE Trans. Geosci. Remote Sens, 1994, 32(3): 542-552.

[8] Chafia Hejase de Trad, Qiang Fang, Irena Cosic1. Protein sequence comparison based on the wavelet transform approach[J]. Protein Eng, 2002: 193-203.

[9] Chan T H, Chi C Y, Huang Y M. , et al. A convex analysis-based minimum-volume enclosing simplex algorithm for hyperspectral unmixing[A]// In IEEE International Conference on Acoustics, Speech and Signal Processing[C]. 2009, 57(11), 4418-4432.

[10] Chang, C I. An information-theoretic approach to spectral variability, similarity, and discrimination for hyperspectral image[J]. IEEE Transactions on Information theory, 2000, 46(5): 1927-1932.

[11] Chang Chein I. Hyperspectral Imaging: Techniques for Spectral Detection and Classification[M]. New York, N. Y. : Kluwer Academic/Plenum Publishers, 2003.

[12] Chang Chein I. . Hyperspectral Data Exploitation: Theory and Applications [M]. New Jersey: Wiley Interscience, 2007.

[13] Chang C I. Orthogonal subspace projection revisited: a comprehensive study and analysis

[J]. IEEE Trans. on Geoscience and Remote Sensing, 2005, 43(3): 502-518.

[14] Chang C I, Chakravarty S, Chen H M, et al. Spectral derivative feature coding for hyperspectral signature analysis[J]. Pattern Recognition, 2009, 42(3): 395-408.

[15] Chang C I, Chiang S S, Smith J A, et al. Linear spectral random mixture analysis for hyperspectral imagery[J]. IEEE Trans. on Geoscience and Remote Sensing, Feb. 2002, 40(2): 375-392.

[16] Chang C I, Du Q. Estimation of number of spectrally distinct signal sources in hyperspectral imagery[J]. Ieee Transactions on Geoscience and Remote Sensing, 2004, 42(3): 608-619.

[17] Chiang S S, Chang C I, Ginsberg I W. Unsupervised target detection in hyperspectral images using projection pursuit[J]. IEEE Transactions. on Geoscience and Remote Sensing. Jul. 2001, 39(7):1380-1391.

[18] Chiang S S, Chang C I, Smith J A, et al. Linear spectral random mixture analysis for hyperspectral imagery[J]. IEEE Trans. Geosci. Remote Sens, 2002, 40(2): 375-392.

[19] Cichocki A, Amari S. Adaptive Blind Signal and Image Processing: Learning Algorithms and Applications[M]. Wiley: 2002.

[20] Clark R N, Swayze G A, Gallagher A J, et al. The U. S. Geological Survey, Digital Spectral Library: Version 1: 0.2 to 3.0 microns[R]. U. S. Geological Survey Open File Report, 1993, 1340: 93-592.

[21] Dempster A P, Laird N M, Rubin, D B. Maximum likelihood from incomplete data via the EM algorithm[J]. J. Royal Stat. Soc, 1977, 39(1), 1-38.

[22] Donoho D, Stodden V. When does non-negative matrix factorization give a correct decomposition into parts? [J]. In Proc. NIPS16, 2004, 1141-1148.

[23] Du Y Z, Chang C I, Ren H, et al. New hyperspectral discrimination measure for spectral characterization[J]. Optical Engineering, 2004, 43(8): 1777-1786.

[24] Friedman J H, Tukey J W. A Projection Pursuit Algorithm for Exploratory Data Analysis [J]. IEEE Transactions on Computers, 1974, 23(9): 881-890.

[25] Green A A, Berman M, Switzer P et al. A transformation for ordering multispectral data in terms of image quality with implications for noise removal[J]. IEEE Transactions on Geoscience and Remote Sensing, 1988, 26(1): 65-74.

[26] Harsanyi J, Chang C I. Hyperspectral image dimensionality reduction and pixel classification: an orthogonal subspace projection approach[A]. In Proc. 1993 Conf. on Information Sciences and Systems[C]. Johns Hopkins University, Baltimore, MD, 1993, 401-406.

[27] Harsanyi J C, Chang C I. Hyperspectral image classification and dimensionality reduction: An orthogonal subspace projection[J]. IEEE Trans. Geosci. Remote Sens, 1994,

32(4): 779-785.

[28] Heinz D, Chang C I. Fully constrained least squares linear mixture analysis for material quantification in hyperspectral imagery[J]. IEEE Transactions. on Geoscience and Remote Sensing, March 2001,39(3): 529-545.

[29] Hendrix EMT, Garcia I, Plaza J, et al. A new Minimum-volume enclosing algorithm for endmember identification and bundance estimation in hyperspectral data[J]. IEEE Trans. on Geoscience and Remote Sensing, 2012, 50(7): 2744-2757.

[30] Hoyer P O. Non-negative sparse coding[A]// In Proc. IEEE Workshop Neural Netw. Signal Process. XII, Martigny[C]. Switzerland, 2002, 557-565.

[31] Hoyer P O. Non-negative matrix factorization with sparseness constraints[J]. Mach. Learn. Res, 2004, 5, 1457-1469.

[32] Huck A, Guillaume M, Blanc-Talon J. Minimum dispersion constrained nonnegative matrix factorization to unmix hyperspectral data[J]. IEEE Trans. Geosci. Remote Sens, Jun. 2010, 48,(6):2590-2602.

[33] Hyvärinen A, Oja E. Independent component analysis: algorithms and applications[J]. Neural Networks, 2000,13, Issues 4-5,411-430.

[34] Jia S, Qian Y. Spectral and spatial complexity-based hyperspectral unmixing[J]. IEEE Trans. Geosci. Remote Sens,2007,12,45(2): 3867-3879.

[35] Jia S, Qian Y. Constrained nonnegative matrix factorization for hyperspectral unmixing [J]. IEEE Transactions on Geoscience and Remote Sensing, 2009, 47(1): 161-173.

[36] Jiao H, Zhong Y, Zhang L. Artificial DNA computing-based spectral encoding and Matching algorithm for hyperspectral remote sensing data[J]. IEEE Transactions on Geoscience and Remote Sensing, 2012, 50(10): 4085-4104.

[37] Johnson L F, Billow C R. Spectrometry estimation of total nitrogen concentration in Douglas-fir foliage[J]. International Journal of Remote Sensing, 1996, 17(3): 489-500.

[38] Johnson, P E, Smith, M O, et al. Simple algorithms for remote determination of mineral abundances and particle size from reflectance spectra[J]. Journal of Geophysical Research: Planets,1992, 97(E2): 2649-2657.

[39] Johnson P E, Smith M O, Taylor-George S, et al. A semi-empirical method for analysis of the reflectance spectra of binary mineral mixtures[J]. Geophys. Res, 1983, 88(B4): 3557-3561.

[40] Jutten C, Herault J. Blind separation of sources, Part Ⅰ: An adaptive algorithm based on neuromimetic architecture[J]. Signal Process, 1991(24), 1-10.

[41] Keshava N, Mustard J F. Spectral unmixing[J]. IEEE Signal Processing Magazine, 2002, 19(1): 44-57.

[42] Keshava N. Distance metrics and band selection in hyperspectral processing with applica-

tions to material identification and spectral libraries[J]. Ieee Transactions on Geoscience and Remote Sensing, 2004, 42(7): 1552-1565.

[43] Kong Xiangbing, Shu Ning, Huang Wenyu, et al. The research on effectiveness of spectral similarity measures for hyperspectral image[A]//In 2010 3rd International Congress on Image and Signal Processing (CISP)[C]. Yantai, 2010: 2269 - 2273.

[44] Kruse F A, Lefkoff A B, Boardman J W, et al. The spectral image processing system (SIPS)-interactive visualization and analysis of imaging spectrometer data[J]. Remote Sensing Environment, 1993, 44(2-3): 145-163.

[45] Landgrebe D. Hyperspectral image data analysis[J]. IEEE Signal Processing Magazine, Jan 2002, 19(1): 17-28.

[46] Landgrebe David A. Multispectral Iand sensing: where from, where to? [J]. IEEE Transactions on Geoscience and Remote Sensing, March 2005, 43(3): 414 - 421.

[47] Lawson C L, Hanson R J. Solving least squares problems[J]. Philadelphia, PA: SIAM, 1997, 18(3): 518-520.

[48] Lee D D, Seung H S. Learning the parts of objects by non-negative matrix factorization [J]. Nature, 1999, 401(6755): 788-791.

[49] Lee D D, Seung H S. Unsupervised learning by convex and conic coding[J]. Advances in Neural Information Processing Systems, 1997, 9: 515-521.

[50] Lee D D, Seung H S. Algorithms for non-negative matrix factorization[J]. Advances in Neural Information Processing Systems, 2001(13): 556-562.

[51] Li L, Mustard J F, Highland contamination in lunar mare soils: Improved mapping with multiple endmember spectral mixture analysis(MESMA)[J]. Geophys. Res, 2003, 108 (E6), 5053: 7-1 to 7-14.

[52] Li J, Bioucas-Dias J. Minimum volume simplex analysis: a fast algorithm to unmix hyperspectral data[A]// In: Proc. IEEE International Geoscience and Remote Sensing Symposium[C]. 2008, 3, 250-253.

[53] Liangrocapart S, Petrou M. Mixed pixels classification[A]//In Proceedings of the SPIE Conference on Image and Signal Processing for Remote Sensing Ⅳ[C]. 1998, 3500, 72-83.

[54] Lopez S, Horstrand P, Callico G M, et al. A low computational complexity algorithm for hyperspectral endmember extraction: modified vertex component analysis [J]. IEEE Trans. Geosci. Remote Sens, 2012, 9(3): 502-506.

[55] Martin G, Plaza A. Region-based spatial preprocessing for endmember extraction and spectral unmixing[J]. IEEE Geoscience and Remote Sensing Letters, 2011, 8(4): 745-749.

[56] Martin G, Plaza A. Spatial-spectral preprocessing prior to endmember identification and unmixing of remotely sensed hyperspectral data[J]. IEEE Journal of Selected Topics in

Applied Earth Observations and Remote Sensing, 2012, 5(2): 380-395.

[57] Meer F, Van Der. The effectiveness of spectral similarity measures for the analysis of hyperspectral imagery[J]. International Journal of Applied Earth Observation and Geoinformation,2006, 8(1): 3-17.

[58] Meer F, Van Der, Bakker W. CCSM: cross correlogram spectral matching[J]. International Journal of Remote Sensing International, 1997, 18(5): 197 -1201.

[59] Mei S H, He M Y, Wang Z Y, et al. Spatial purity based endmember extraction for spectral mixture analysis[J]. IEEE Transactions on Geoscience and Remote Sensing, 2010, 48(9): 3434-3445.

[60] Mei S H, He M Y, Zhang Y F,et al. Improving spatial-spectral endmember extraction in the presence of anomalous ground objects[J]. IEEE Transactions on Geoscience and Remote Sensing, 2011, 49(11): 4210-4222.

[61] Miao L D,Qi H R. Endmember extraction from highly mixed data using minimum volume constrained nonnegative matrix factorization[J]. IEEE Trans. Geosci. Remote Sens, 2007, 45(3):765-777.

[62] Nascimento José M P, José M, Bioucas Dias. Vertex component analysis: a Fast algorithm to unmix hyperspectral data[J]. IEEE Transactions on Geoscience and Remote Sensing, 2005, 43(4): 898-910.

[63] Nascimento J M P,Dias J M B. Does independent component analysis play a role in unmixing hyperspectral data? [J]. IEEE Trans. Geosci. Remote Sens, 2005, 43(1): 175-187.

[64] Nascimento J M P, Dias J M B. Signal subspace identification in hyperspectral linear mixtures[J]. Pattern Recognition and Image Analysis, 2005(3523): 207-214.

[65] Neville R A, Staenz K, Szeredi T,et al. Automatic endmember extraction from hyperspectral data for mineral exploration[A]//In Proc. 4th Int. Airborne Remote Sens. Conf. and Exhib./21st Can. Symp. Remote Sens[C]. Ottawa, ON, Canada, 1999,21-24.

[66] Nobuyuki Otsu. A threshold selection method from gray-level histograms[J]. IEEE Trans. Sys., Man, Cyber. 1979, 9(1): 62-66.

[67] OA De Carvalho, PR Meneses.. Spectral Correlation Mapper (SCM): An Improving Spectral Angle Mapper[J]. Proceedings Annual JPL Airborne Earth Science Workshop, Pasadena, CA, USA, 23-25 February 2000; pp. 65-74.

[68] Pascual-Montano A, Carazo J M, K Kochi,et al. Nonsmooth nonnegative matrix factorization (nsNMF)[J]. IEEE Trans. Pattern Anal. Mach. Intell., 2006, 28(3):403-415.

[69] Pauca V P, Piper J,Plemmons R J. Nonnegative matrix factorization for spectral data analysis[J]. Linear Algebra Appl,2006, 416(1):29-47.

[70] Plaza A, Martin G,Zortea M. On the incorporation of spatial information to spectral mix-

ture analysis: survey and algorithm comparison[A]// In IEEE GRSS Workshop on Hyperspectral Image and Signal Processing: Evolution in Remote Sensing (WHISPERS09) [C]. Grenoble, France, 2009.

[71] Plaza A, Martin G,Zortea M. Analysis of different strategies for incorporating spatial information in endmember extraction from hyperspectral data[A]//In IEEE International Geoscience and Remote Sensing Symposium (IGARSS09)[C]. Cape Town, South Africa, 2009.

[72] Plaza A, Martinez P, Gualtieri J A,et al. Automated identification of endmembers from hyperspectral images using mathematical morphology[A]// In Proceedings of SPIE, Image and Signal Processing for Remote Sensing VII[C]. 2002,4541, 278-286.

[73] Plaza A, Martinez P, Perez R,et al. A quantitative and comparative analysis of endmember extraction algorithms from hyperspectral data[J]. IEEE Trans. Geosci. Remote Sens, 2004, 42(3):650-663.

[74] Plaza A, Martinez P, Perez R M,et al. Spatial/spectral endmember extraction by multidimensional morphological operations[J]. IEEE Transactions on Geoscience and Remote Sensing, 2002, 40(9): 2025-2041.

[75] Qian Y T, Jia S, Zhou J,et al. Hyperspectral unmixing via L-1/2 sparsity-constrained nonnegative matrix factorization[J]. Ieee Transactions on Geoscience and Remote Sensing, 2011, 49(11): 4282-4297.

[76] Rezaei Y, Mobasheri M R, Zoej M J V, et al. Endmember extraction using a combination of orthogonal projection and genetic algorithm[J]. Ieee Transactions on Geoscience and Remote Sensing, 2012, 9(2): 161-165.

[77] Richards John A. Analysis of remotely sensed data: The formative decades and the future [J]. IEEE Transactions on Geoscience and Remote Sensing,2005, 43(3): 422-432.

[78] Roberts D A, Gardner M, Church R, et al. Mapping chaparral in the santa monica mountains using multiple endmember spectral mixture models[J]. Remote Sensing of Environment, 1998, 65(3): 267-279.

[79] Roessner S, Segl K, Heiden U,et al. Automated differentiation of urban surface based on airborne hyperspectral imagery[J]. Ieee Tgars, 2001, 39(7): 1523-1532.

[80] Rogge D M, Rivard B, Zhang J,et al. Iterative spectral unmixing for optimizing per-pixel endmember Sets[J]. IEEE Transactions on Geoscience and Remote Sensing,2006, 44 (12): 3725-3736.

[81] Rogge D M, Rivard B, Zhang J,et al. Integration of spatial-spectral information for the improved extraction of endmembers[J]. Remote Sens. Environ, 2007,110(3):287-303.

[82] Sajda P, Du S,Parra L C. Recovery of constituent spectra using non-negative matrix factorization[C]. Proc. SPIE,2003(5207): 321-331.

[83] Saul L, Pereira F. Aggregate and mixed-order Markov models for statistical language processing[A]// In C. Cardie and R. Weischedel (eds). Proceedings of the Second Conference on Empirical Methods in Natural Language Processing[C]. ACL Press, 1997, 81-89.

[84] Settle J. On the relationship between spectral unmixing and subspace projection[J]. IEEE Trans. Geosci. Remote Sens, 1996, 34(4), 1045-1046.

[85] SHI Wei-jie, YAO Yong, ZHANG Tie-qiang, et al. A Method of Recognizing Biology Surface Spectrum Using Cascade-Connection Artificial Neural Nets[J]. Spectroscopy and Spectral Analysis, 2008, 28(5): 983-987.

[86] Singer R. Near-infrared spectra: reflectance of mineral mixtures: systematic combinations of pyroxenes, olivine, and iron oxides[J]. Geophys. Researchi, 1981, 86(B9): 7967-7982.

[87] Smith M O, Johnston P E, Adams J B. Quantitative determination of mineral types and abundances from reflectance spectra using principal components analysis[J]. Journal of Geophysical Research, 1985, 90: 797-804.

[88] SOHN Youngsinn, REBELLO N. Sanjay. Supervised and unsupervised spectral angle classifiers[J]. Photogrammetric engineering and remote sensing, 2002, 68(12): 1271-1280.

[89] Somers B, Verbesselt J, Ampe E M, et al. Spectral mixture analysis to monitor defoliation in mixed aged Eucalyptus globules Labill plantations in southern Australia using Landsat 5TM and EO-1 Hyperion data[J]. International Journal of Applied Earth Observation and Geoinformation, 2010, 12(4), 270-277.

[90] Sweet J, Sharp M, Granahan J. Hyperspectral analysis toolset[A]// In Proceedings of SPIE: Sensors, Systems, and Next-Generation Satellites Iv[C]. Europto, Barcelona, Spain, September, 2000: 396-407.

[91] Sweet J N. The spectral similarity scale and its application to the classification of hyperspectral remote sensing data[A]// In IEEE Workshop on Advances in Techniques for Analysis of Remotely Sensed Data[C]. 2003, 92.

[92] Tang H, Fang T, Shi P F. Spectral similarity measure and retrieval based on the complete spectral reflectance and absorption feature-Nonlinear spectral angle mapper[J]. Spectroscopy and Spectral Analysis, 2005, 25(2): 307-310.

[93] Theiler J, Lavenier D, Harvey N, et al. Using blocks of skewers for faster computation of pixel purity index[A]// In SPIE International Conference on Optical Science and Technology[C]. San Diego, CA, USA, 2000, volume 4132: 61-71.

[94] Wang J, Chang C I. Applications of independent component analysis in endmember extraction and abundance quantification for hyperspectral imagery[J]. IEEE Trans. Geosci.

Remote Sens, 2006, 44(9): 2601-2616.

[95] Winter M E. N-FINDR: an algorithm for fast autonomous spectral endmember determination in hyperspectral data[A]// In Proceeding of SPIE conference Imaging Spectrometry V[C]. 1999,266-277.

[96] Yang Z Y, Zhou G X, Xie S L, et al. Blind spectral unmixing based on sparse nonnegative matrix factorization[J]. Ieee Transactions on Image Processing, 2011, 20(4): 1112-1125.

[97] Yasuo Nakagawa, Azriel Rosenfeld. Some experiments on variable thresholding[J]. Pattern Recognition, 1979, 11(3): 191-204.

[98] Yu Y, Guo S, Sun W. Minimum distance constrained nonnegative matrix factorization for the endmember extraction of hyperspectral images[A]// In Proc. SPIE Conf. Remote Sensing and GIS Data Process[C]. Appl., 2007, vol. 6790,151-159.

[99] ZHANG Liang-pei, HUANG Xin. Advanced processing techniques for remotely sensed imagery[J]. 2009, 13(4): 559-569.

[100] Zare A,Gader P. Hyperspectral band selection and endmember detection using sparsity promoting priors[J]. IEEE Geosci. Remote Sens. Lett, 2008, 5(2):256-260.

[101] Zortea M,Plaza A. Improved spectral unmixing of hyperspectral images using spatially homogeneous endmembers[A]// In IEEE International Symposium on Signal Processing and Information Technology (ISSPIT08)[C]. Sarajevo, Bosnia & Herzegovina, 2008.

[102] Zortea M, Plaza A. Spatial preprocessing for endmember extraction[J]. IEEE T. Geoscience and Remote Sensing, 2009, 48(8): 2679-2693.

[103] 陈伟, 余旭初, 王鹤. 基于OSP的自动端元提取及混合像元线性分解[J]. 测绘工程, 2008(6): 37-40.

[104] 褚海峰,翟中敏,赵银娣,等. 一种多/高光谱遥感图像端元提取的凸锥分析算法[J]. 遥感学报, 2007, 11(4): 460-467.

[105] 丛浩,张良培,李平湘. 一种端元可变的混合像元分解方法[J]. 中国图象图形学报, 2006, 11(8): 1092-1095.

[106] 高晓惠, 相里斌, 魏儒义, 等. 基于光谱分类的端元提取算法研究[J]. 光谱学与光谱分析, 2011, 31(7): 1995-1998.

[107] 耿修瑞, 张兵, 张霞,等. 一种基于高维空间凸面单形体体积的高光谱图像解混算法[J]. 自然科学进展,2004,14(7):810-814.

[108] 耿修瑞,童庆禧,郑兰芬. 一种基于端元投影向量的高光谱图像地物提取算法[J]. 自然科学进展,2005, 15(4): 509-512.

[109] 耿修瑞, 赵永超, 周冠华. 一种利用单形体体积自动提取高光谱图像端元的算法[J]. 自然科学进展, 2006(9):1196-1200.

[110] 耿修瑞,赵永超,刘素红,等. 高维叉积的矩阵计算以及在高光谱图像端元自动提

取中的应用[J]. 中国科学:信息科学,2010,40(4):646-652.

[111] 龚龑. 基于 HAD 和 MRF 的高光谱影像同质区分析[D]. 武汉:武汉大学,2007.

[112] 孔祥兵,舒宁,陶建斌,等. 一种基于多特征融合的新型光谱相似性测度[J]. 光谱学与光谱分析,2011, 31(8): 2166-2170.

[113] 黄远程. 高光谱影像混合像元分解的若干关键技术研究[D]. 武汉:武汉大学,2010.

[114] 李姗姗, 田庆久. 高光谱遥感图像的端元递进提取算法[J]. 遥感学报, 2009(2): 269:275.

[115] 李二森, 朱述龙, 周晓明, 等. 高光谱图像端元提取算法研究进展与比较[J]. 遥感学报, 2011, 15(4): 659-679.

[116] 李二森, 张保明, 杨娜, 等. 非负矩阵分解在高光谱图像解混中的应用探讨[J]. 测绘通报, 2011(3): 7-10.

[117] 李熙, 关泽群, 秦昆, 等. 基于贝叶斯推理的像元内部端元选择模型[J]. 光学学报, 2009, 29(9): 2577-2583.

[118] 林立群. 基于像斑的高光谱影像跨尺度分类研究[D]. 武汉:武汉大学,2008.

[119] 刘雪松, 王斌, 张立明. 基于非负矩阵分解的高光谱遥感图像混合像元分解[J]. 红外与毫米波学报, 2011, 30(1): 27-34.

[120] 罗文斐, 钟亮, 刘翔, 等. 基于零空间最大距离的高光谱图像端元提取算法[J]. 自然科学进展, 2008, 18(11): 1341-1345.

[121] 罗文斐,罗寿枚,张兵,等. 遥感图像端元光谱变异性的模糊描述[J]. 中国图象图形学报,2009, 14(4): 567-571.

[122] 罗文斐, 钟亮, 张兵, 等. 高光谱遥感图像端元提取的零空间光谱投影算法[J]. 红外与毫米波学报, 2010, 29(4): 307-311.

[123] 吕长春, 王忠武, 钱少猛. 混合像元分解模型综述[J]. 遥感信息, 2003(3):55-60.

[124] 普晗晔, 王斌, 张立明. 基于 Cayley-Menger 行列式的高光谱遥感图像端元提取方法[J]. 红外与毫米波学报, 2012, 31(3): 265-270.

[125] 沈照庆. 基于支持向量机(SVM)的高光谱影像智能化分析关键问题研究[D]. 武汉:武汉大学,2010.

[126] 舒宁. 关于遥感影像处理智能系统的若干问题[J]. 武汉大学学报(信息科学版), 2011, 36(5):527-530.

[127] 陶建斌. 贝叶斯网络模型在遥感影像分类中的应用方法研究[D]. 武汉:武汉大学,2010.

[128] 童庆禧,张兵,郑兰芬. 高光谱遥感——原理、技术与应用[M]. 北京:高等教育出版社,2006.

[129] 童庆禧,张兵,郑芬兰. 高光谱遥感的多学科应用[M]. 北京:电子工业出版社,2006.

[130] 王立国, 邓禄群, 张晶. 基于线性最小二乘支持向量机的光谱端元选择算法[J]. 光谱学与光谱分析, 2010, 30(3): 743-747.

[131] 王晓玲, 杜培军, 谭琨,等. 一种高光谱遥感影像端元自动提取方法[J]. 遥感信息, 2010(4): 8-12.

[132] 王瀛, 梁楠, 郭雷. 一种基于修正扩展形态学算子的高光谱遥感图像端元提取算法[J]. 光子学报, 2012, 41(6): 672-677.

[133] 吴波, 张良培, 李平湘. 基于支撑向量回归的高光谱混合像元非线性分解[J]. 遥感学报, 2006(3): 312-318.

[134] 吴波, 汪小钦, 张良培. 端元光谱自动提取的总体最小二乘迭代分解[J]. 武汉大学学报(信息科学版), 2008, 33(5): 457-460.

[135] 吴波, 张良培, 李平湘. 高光谱端元自动提取的迭代分解方法[J]. 遥感学报,2005(3): 286-293.

[136] 吴柯,张良培,李平湘. 一种端元变化的神经网络混合像元分解方法[J]. 遥感学报,2007, 11(1): 20-26.

[137] 薛彬, 赵葆常, 杨建峰, 等. 改进的线性混合模型用于高光谱分离实验模拟[J]. 光子学报,2004,33(6):689-692.

[138] 薛绮, 匡纲要, 李智勇. 基于 RMS 误差分析的高光谱图像自动端元提取算法[J]. 遥感技术与应用, 2005(2): 278-283.

[139] 张兵. 时空信息辅助下的高光谱数据挖掘[D]. 北京:中国科学院遥感应用研究所,2002.

[140] 张兵,高连如. 高光谱图像分类与目标探测[M]. 北京:科学出版社,2011.

[141] 张兵, 孙旭, 高连如, 等. 一种基于离散粒子群优化算法的高光谱图像端元提取方法[J]. 光谱学与光谱分析, 2011(9): 2455-2461.

[142] 张良培,张立福. 高光谱遥感[M]. 武汉:武汉大学出版社,2005:17.

[143] 张贤达, 保铮. 盲信号分离[J]. 电子学报, 2001, 29(12):1766-1771.

[144] 赵春晖, 成宝芝, 杨伟超. 利用约束非负矩阵分解的高光谱解混算法[J]. 哈尔滨工程大学学报, 2012, 33(3): 377-382.

[145] 朱述龙, 齐建成, 朱宝山,等. 以凸面单体边界为搜索空间的端元快速提取算法[J]. 遥感学报, 2010, 14(3): 482-492.

[146] 朱长明, 骆剑承, 沈占锋,等. 一种空间自适应的多光谱遥感影像端元提取方法[J]. 光谱学与光谱分析, 2011, 31(10): 2814-2818.